大气污染影响研究系列丛书

我国钢铁企业大气污染影响研究

伯　鑫　著

中国环境出版集团・北京

图书在版编目（CIP）数据

我国钢铁企业大气污染影响研究/伯鑫著. —北京：中国环境出版集团，2020.9

（大气污染影响研究系列丛书）

ISBN 978-7-5111-4428-7

Ⅰ. ①我… Ⅱ. ①伯… Ⅲ. ①钢铁企业—工业大气影响—研究—中国 Ⅳ. ①X820.3

中国版本图书馆 CIP 数据核字（2020）第 168877 号

审图号：GS（2020）3795 号

出 版 人 武德凯
责任编辑 李兰兰
责任校对 任 丽
封面设计 宋 瑞

更多信息，请关注
中国环境出版集团
第一分社

出版发行 中国环境出版集团
（100062 北京市东城区广渠门内大街 16 号）
网 址：http://www.cesp.com.cn
电子邮箱：bjgl@cesp.com.cn
联系电话：010-67112765（编辑管理部）
010-67112735（第一分社）
发行热线：010-67125803，010-67113405（传真）

印 刷 北京市联华印刷厂
经 销 各地新华书店
版 次 2020 年 9 月第 1 版
印 次 2020 年 9 月第 1 次印刷
开 本 787×1092 1/16
印 张 10.5
字 数 220 千字
定 价 99.00 元

内容简介

我国高时空分辨率钢铁行业排放清单模型主要用于“三线一单”、精细化源解析、空气质量达标规划、空气质量预报、规划环评、总量减排、环境规划、应急管理、减排潜力分析、一市一策等工作。

本书总结了作者在基于 CEMS 数据的高时空分辨率清单核算方法、钢铁企业大气污染影响、钢铁企业污染预报预警等方面的多年经验，介绍了 2012 年、2015 年、2018 年、未来年全国钢铁行业全工序排放清单（HSEC）的构建，并重点讨论了过去情景（2012 年）、新建标准执行情景（2015 年）、现状情景（2018 年）、未来年情景（超低排放情景）下我国钢铁行业大气污染对不同地域（省市/重点区域）的环境影响。

本书可作为高等院校环境科学、环境工程、环境管理等专业的教学参考书，也可作为固定污染源排放清单研究的参考工具书，还可供钢铁企业、科研院所、环境管理部门的科技人员参考。

序 一

钢铁行业是我国经济发展的基础工业之一。2019年，中国粗钢产量为9.96亿t，是世界最大的钢铁生产国。近年来，我国钢铁行业逐步引入超低排放标准，钢铁企业大气污染物排放因子、排放量等均发生了较大变化，而已有研究缺少针对我国钢铁行业超低排放改造情景下对各省、各重点区域的空气质量贡献程度分析，难以为未来钢铁行业大气环境管理、钢铁企业布局、钢铁企业搬迁、钢铁污染物减排等提供科学依据。

伯鑫博士在国家重点研发计划项目、环境模拟与污染控制国家重点联合实验室开放基金课题（16K01ESPCT）、大气重污染成因与治理攻关项目等支持下，基于污染源连续自动监测系统（CEMS）等数据，建立最新的钢铁企业排放因子数据库等，自下而上编制了我国最新的高时空分辨率钢铁行业排放清单（HSEC），模拟分析了我国钢铁行业不同情景下对不同地域环境影响，全面展现了钢铁行业治理政策的阶段性成果。

本书的出版可为钢铁行业大气污染控制、政策评估提供重要依据，为我国钢铁大气污染环境管理提供有力的支撑，为从事钢铁行业大气污染研究的科研人员提供参考和帮助。

中国工程院院士 魏复盛

2020年9月

序 二

我国发布的《打赢蓝天保卫战三年行动计划》，明确提出“推动实施钢铁等行业超低排放改造”“常态化开展重点区域和城市源排放清单编制”等，对钢铁行业污染防治、排放清单编制等工作提出了更高的要求。《关于推进实施钢铁行业超低排放的意见》《钢铁企业超低排放评估监测技术指南》等规定钢铁企业主要工序执行超低排放标准、开展超低排放评估。我国钢铁行业大气污染控制进入了超低排放阶段，钢铁企业环保管理需要精准治污、科学治污、依法治污，需要高分辨率钢铁行业排放清单作为数据基础。而关于我国钢铁企业排放大气污染物整体影响的研究较少，缺乏对钢铁行业活动水平、排放强度、污染贡献等方面的研究。因此，摸清我国钢铁企业大气污染物排放底数、开展钢铁行业大气环境影响评估是大气污染防治重要工作之一。

伯鑫博士长期从事我国钢铁行业排放清单、空气质量数值模拟等研究，在国家重点研发计划项目、清华大学环境学院重点学术机构2015年度开放基金课题、环境模拟与污染控制国家重点联合实验室开放基金课题（16K01ESPCT）、大气重污染成因与治理攻关项目、生态环境部环境工程评估中心创新科研项目等的支持下，基于环境统计、污染源连续自动监测系统（CEMS）、环评等数据，自下而上建立了我国高时空分辨率钢铁行业排放清单（HSEC），结合数值模型模拟了钢铁企业对大气污染贡献情况，解决了钢铁行业排放清单底数不清等问题，为我国钢铁行业大气污染控制提供了重要的支撑。

本书凝聚了作者团队长期积累的成果，具有较强的专业性、实用性和创新性，有助于管理部门、研究者了解我国钢铁行业大气污染控制水平，可为大气污染源解析、空气质量达标规划、环境影响评价、“三线一单”等提供数据支持。

冶金工业规划研究院党委书记

2020 年 8 月

前　言

钢铁行业是我国污染联防联控、限产限排的重点关注对象之一，钢铁企业排放及其大气影响核算成为当前环境研究领域的一个重点与难点。然而，现有相关研究仅局限于特定的工序或区域，缺乏全面、系统的包含全工序、全国范围的钢铁大气污染物排放研究；另外，现有核算方法均基于统一的、固定的排放因子，不能有效反映各排放源的差异特性，以及相关因素与技术的动态演化。因此，钢铁企业大气污染物排放研究亟须理论与技术创新，构建一套系统的高分辨率排放清单模型，不仅全面囊括我国钢铁生产的各工序及各地区，而且精准体现其时（各小时）—空（各排放源）共性与差异。

针对上述关键问题，在国家重点研发计划项目（2016YFC0208101、2017YFC0210300）、清华大学环境学院重点学术机构2015年度开放基金课题、环境模拟与污染控制国家重点联合实验室开放基金课题（16K01ESPCT）、大气重污染成因与治理攻关项目（DQGG0209-07、DQGG0304-07）、生态环境部环境工程评估中心创新科研项目（2019-10）等的支持下，作者团队融合污染源连续自动监测系统（CEMS）数据和环境统计数据，创新性地提出了一套新的时（各小时）—空（各排放源）高分辨率钢铁企业大气排放清单核算方法，全面性地编制了2012年、2015年和2018年我国钢铁行业分工序、分地区大气污染物排放清单（HSEC），并对其环境影响与未来趋势进行评估，为“三线一单”、精细化源解析、空气质量达标规划、空气质量预报、规划环评、总量减排、环境规划、应急管理、减排潜力分析、一市一策等工作提供基础数据和应用技术支持。

本书分为7章，包括：绪言、我国钢铁行业主要工序大气污染物排放浓度分析研究、我国钢铁行业大气排放清单模型研究、我国钢铁行业大气环境影响分析研究、典型钢铁企业二噁英预警研究、典型钢铁企业大气污染预报、结论与展望。

本书主要基于作者团队完成的相关研究成果，由伯鑫策划并统稿，其中包含了伯鑫博士学位论文的部分工作。在高分辨率全国钢铁排放清单编制过程和本书的编写过程中，得到了生态环境部第二次全国污染源普查领导小组技术组组长景立新主任及中国环境监测总站敬红、董广霞、王鑫、封雪等同志的大力支持，得到了生态环境部环境监察局刘伟处长、毛剑英处长及综合司韩文亚处长等领导的指导，得到了中国宝武钢铁集团有限公司陈健教授级高工、武汉钢铁（集团）公司杜建敏教授级高工、首钢迁钢有限责任公司程华教授级高工、石家庄钢铁公司李红星教授级高工、太原钢铁集团有限公司黄晓蓉教授级高工、安阳钢铁集团有限责任公司卜素维教授级高工、唐山市环境保护研究所刘彬所长、沧州市生态环境保护科学研究院毛娜院长及冶金工业规划研究院刘坤坤老师、刘朝建老师、刘琪老师等领导的现场指导，得到了周北海教授、李时蓓研究员、邢奕教授、汤铃教授、常象宇教授、崔维庚教授、李玲老师、孟凡研究员、田军高工、甄瑞卿教授级高工、易海涛教授级高工、张红教授级高工、肖莹教授级高工、王书肖教授、李俊华教授、程水源教授、田贺忠教授、赵瑜教授、薛志钢研究员、蔡博峰研究员、孙露研究员、赵秀阁研究员、郝明亮教授级高工、孙博飞高工、张尚宣高工等专家的长期帮助，贾敏、郭静、屈加豹、王鹏、薛晓达、崔磊、成国庆、李厚宇、高爽、程刚、马继、杨朝旭、宛如星等参与了钢铁企业现场调研、现场采样及本书文字校核等工作，在此一并表示感谢。

目前，我国钢铁行业发展迅速，钢铁行业大气污染控制进入了超低排放阶段，但不同地区环保技术水平差异较大。由于研究条件和作者能力所限，本书不当之处在所难免，敬请同行专家、广大读者批评指正并提出宝贵意见。

伯　鑫

2020 年 7 月

目　录

第1章 绪 言

1.1 研究背景

我国是钢铁生产大国，从 1996 年起粗钢产量排名一直稳居世界第一。随着经济的快速发展，钢铁产量呈现逐年增长的趋势，根据《中国钢铁统计》数据显示，1996—2018 年我国的粗钢产量从 1.01 亿 t 增长到 9.28 亿 t，年均增长率为 10.60%，2018 年粗钢产量占世界总产量的 51.33%（见图 1-1 和附表 1）。此外，我国有 6 家钢铁企业为粗钢产量世界排名前 10 位的大型钢铁企业。而与其他行业相比，钢铁行业具有产业链长和内部工艺复杂的特点，其生产所导致的污染也具有污染因子复杂和污染物排放量大等特点。钢铁行业的生产工序包括焦化、烧结、球团、炼铁、炼钢和轧钢，随生产产生的污染物包括颗粒物（Particulate Matter，PM）、黑碳（Black Carbon，BC）、有机碳（Organic Carbon，OC）、元素碳（Elemental Carbon，EC）、二氧化硫（Sulfur Dioxide，SO_2）、氮氧化物（Nitrogen Oxide，NO_x）、一氧化碳（Carbon Monoxide，CO）、挥发性有机物（Volatile Organic Compounds，VOCs）等。

由于钢铁行业产量高和排污量大的特征，该行业成为我国大气污染控制的重点对象之一。根据《中国环境统计年报 2015》统计，2015 年我国钢铁企业的 SO_2、NO_x 和 PM 排放量分别占工业行业排放总量的 11.15%、8.83%和 28.98%，此外，钢铁企业还产生大量特征污染物（如 VOCs 等）排放。截至 2004 年，钢铁行业成为我国最大的二噁英排放行业，其烧结和炼钢（电炉）工序共向大气排放 2.273 5 kg 毒性当量（Toxic Equivalent Quantity，TEQ）污染物，占大气二噁英类污染物排放量的 33.19%。与欧美发达国家（钢铁行业多以短流程电炉炼钢为主，且产污节点少）相比，我国以长流程高炉—转炉炼钢为主（产污节点多），其铁前工序（即烧结、焦化等）的能耗占生产流程总能耗的 70%以上，导致我国钢铁行业大气污染物排放强度高于发达国家。在此背景下，钢铁企业排放的大气污染物通过传输、扩散、化学反应和干湿沉降等途径，对我国大气环境造成一定程度的负面影响。

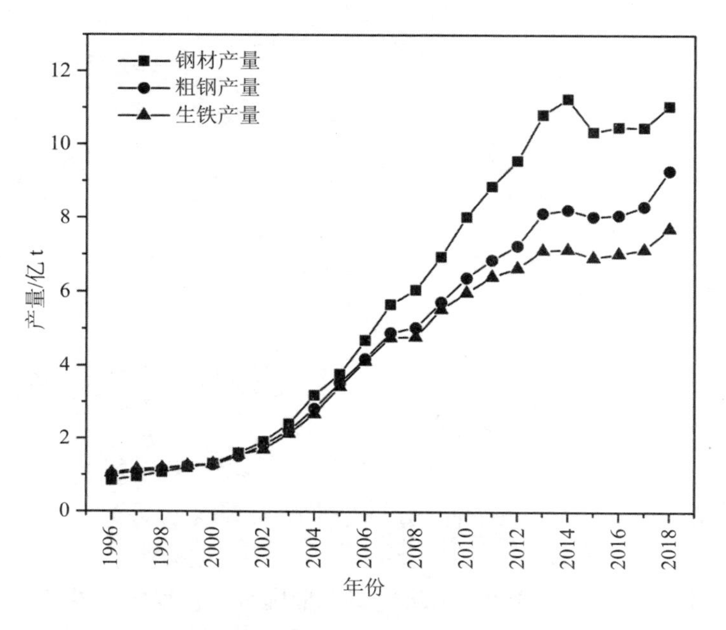

图 1-1 1996—2018 年我国生铁、粗钢、钢材产量统计

针对我国日益突出的大气污染问题，钢铁行业大气污染控制已成为污染联防联控、限产限排等的焦点之一，是“十三五”规划中环境治理和化解产能的重点领域。近些年颁发的大气污染治理及钢铁行业调整相关的文件，即《关于钢铁行业化解过剩产能实现脱困发展的意见》《钢铁产业调整政策（2015 年修订）》《京津冀及周边地区落实大气污染防治行动计划实施细则》《京津冀及周边地区 2017—2018 年秋冬季大气污染综合治理攻坚行动方案》《京津冀及周边地区 2018—2019 年秋冬季大气污染综合治理攻坚行动方案》等，均对钢铁行业提出了淘汰落后产能、加快污染治理、超低排放改造等调整要求。为达到上述调整目标，我国颁布了一系列国家和地区的钢铁行业标准文件（见表 1-1）。自 1985 年以来，钢铁行业排放标准经过了阶段性的更新，每一阶段的更新，除增加污染物项目及提高排放控制要求外，相应的表现形式也发生了显著变化。2012 年颁布的《钢铁烧结、球团工业大气污染物排放标准》和《炼钢工业大气污染物排放标准》等多项钢铁工业排放标准，规定 2015 年 1 月 1 日起钢铁行业各工序执行更加严格的排放限值（新建排放标准）；2018 年颁布的《钢铁企业超低排放改造工作方案（征求意见稿）》以及 2019 年颁布的《关于推进实施钢铁行业超低排放的意见》规定钢铁企业主要工序执行超低排放标准，增大了钢铁企业污染物减排压力。其中，《关于推进实施钢铁行业超低排放的意见》规定：烧结机头及球团焙烧烟气超低排放标准 PM 为 10 mg/m^3、SO_2 为 35 mg/m^3、NO_x 为 50 mg/m^3，其他污染工序执行 PM 为 10 mg/m^3、SO_2 为 30 mg/m^3（焦炉烟囱）和 50 mg/m^3（热风炉、热处理炉）、NO_x 为 150 mg/m^3（焦炉烟囱）和 200 mg/m^3（热风炉、热处理炉）。

表 1-1　我国钢铁工业大气污染物排放标准发展历程

层面	实施时间	标准名称
国家	1985.8.1	《钢铁工业污染物排放标准》（GB 4911—85）
	1997.1.1	《炼焦炉大气污染物排放标准》（GB 16171—1996）
	1997.1.1	《工业炉窑大气污染物排放标准》（GB 9078—1996）
	1997.1.1	《大气污染物综合排放标准》（GB 16297—1996）
	2012.10.1	《炼焦化学工业污染物排放标准》（GB 16171—2012）
	2012.10.1	《钢铁烧结、球团工业大气污染物排放标准》（GB 28662—2012）
	2012.10.1	《炼铁工业大气污染物排放标准》（GB 28663—2012）
	2012.10.1	《炼钢工业大气污染物排放标准》（GB 28664—2012）
	2012.10.1	《轧钢工业大气污染物排放标准》（GB 28665—2012）
	2012.10.1	《铁合金工业大气污染物排放标准》（GB 28666—2012）
	2015.1.1	《重点区域大气污染防治“十二五”规划》中京津冀、长江三角洲、珠江三角洲等“三区十群”执行大气污染物特别排放限值
	2017.10.1	《钢铁烧结、球团工业大气污染物排放标准》（GB 28662—2012）修改单（征求意见稿）
	2018.5.7	《钢铁企业超低排放改造工作方案（征求意见稿）》
	2019.4.9	《关于推进实施钢铁行业超低排放的意见》
河北省	2011.11.1	《钢铁工业大气污染物排放标准》（DB 13/1461—2011）
	2015.3.1	《钢铁工业大气污染物排放标准》（DB 13/2169—2015）
	2018.9.19	《钢铁工业大气污染物超低排放标准》（DB 13/2169—2018）
	2018.9.19	《炼焦化学工业大气污染物超低排放标准》（DB 13/2863—2018）
山东省	2008.2.1	《钢铁工业污染物排放标准》（DB 37/990—2008）
	2013.9.1	《钢铁工业污染物排放标准》（DB 37/990—2013）

1.2　研究意义

目前，我国钢铁企业主要集中在人口集中区域（如河北、山东、江苏等），与大气污染严重地区高度重叠，因此，钢铁企业大气污染问题已成为人民群众重点关注的问题之一。然而，针对我国钢铁企业排放大气污染物整体影响的研究较少，尤其缺乏对钢铁行业的活动水平、排放强度以及浓度空间分布等方面的具体研究。主要原因在于目前我国钢铁行业对空气污染的贡献尚存争议，特别是现有研究对我国大气污染机理和不同源贡献率的见解存异，这些均严重制约着钢铁行业大气污染防控工作的开展。

总体来看，现有针对我国钢铁行业大气污染物排放及环境影响的研究仍存在以下不足之处：

（1）缺乏不同阶段基于工序的钢铁行业大气污染物排放因子

2012—2018 年，由于政策和标准的影响，我国钢铁行业大气污染物排放浓度水平和排放因子水平在不同时期的差异较大。已有的钢铁企业排放因子未考虑钢铁企业具体工序、规模和管理水平等差异（如不同规模、不同环保设施和不同管理水平的烧结机排放因子未分开计算），测试的钢铁生产工序排放口的样本数据较少，而且时间较早，无法反映钢铁行业由于2012—2018年技术进步和标准加严等因素引起的排放浓度和排放因子变化。

此外，已有清单中钢铁企业污染物排放因子一般设为定值，而实际上钢铁企业生产的规模、工序、原料和控制技术均存在较大差异，因此各工序大气污染物排放因子也存在一定的差异。

（2）缺乏自下而上基于工序的钢铁行业清单

由于我国钢铁企业的实际数量和分布情况没有统一的数据来源，且随着经济发展和产业结构调整，我国钢铁大气污染源的数量（包括未批先建的违法项目）和结构也发生了很大变化，造成钢铁行业大气污染物活动水平基数不准确，导致反映我国不同历史阶段的自下而上的钢铁行业大气排放清单缺乏。

在发达国家，如美国和日本，已经通过采用污染源连续自动监测系统（Continuous Emissions Monitoring Systems，CEMS）的数据来精准计算火电和钢铁等工业源的排放量。而我国CEMS的数据质量虽然自2015年以来逐年提高，但由于缺少基于CEMS的快速更新钢铁排放因子的方法，导致缺乏基于CEMS的全国尺度钢铁行业大气排放清单，从而使我国钢铁企业大气污染物的排放量、排放浓度和时空变化等信息无法获取。

（3）缺乏钢铁行业环境影响评估

目前，钢铁行业是我国重点区域的大气重污染应急和减排等工作（秋冬季错峰生产工作）的重要聚焦点。自2012年起，针对钢铁行业发布了多项污染物控制标准，推动了我国钢铁行业环保设施升级、污染物减排等工作。自2015年1月1日起，现有企业执行新建标准，2018年《钢铁企业超低排放改造工作方案（征求意见稿）》开始引入钢铁企业超低排放标准。但由于2012—2018年我国钢铁行业政策和标准的影响，其排放浓度水平和排放因子水平在不同时期的差异较大。因此，针对不同时期和标准，钢铁行业排放对大气环境的影响评估工作亟须开展。

针对上述研究现状，本书以企业CEMS数据和环境统计最新数据为基础，分析了2015—2018年我国钢铁行业重要排污节点（烧结机头、烧结机尾和球团焙烧）在线监测数据浓度变化情况和达标情况，并构建了基于排放标准（2012年）、CEMS（2015年和2018年）的全工序排放因子库；开发了一套快速更新我国钢铁大气排放清单的方法，自下而上建立我国高时空分辨率钢铁企业大气污染物排放清单模型；运用钢铁企业大气污染物排放清单模型定量分析和模拟钢铁企业不同阶段［现有标准执行情景（2012年）、新建标准执行情景（2015年）、现状情景（2018年）以及未来年情景］下各种大气污染物排放对环境影响情况。本书有助于了解我国钢铁行业整体排放污染物的真实水平、大气污染物输送过程，提高我国大气排放清单工业源部分的空间分辨率和时间分辨率，减少大气污染模拟研究工作的不确定性，为我国大气污染物排污许可、供给侧改革、化解产能等提供理论和方法支撑。

1.3 文献综述

1.3.1 钢铁行业大气排放清单研究

大气污染物排放清单，是指各类大气污染源排放的不同污染物信息的集合，是伴随着大气污染问题的出现和污染控制的需要而发展起来的，作为区域空气质量模型模拟研究的基础支撑数据，在区域大气污染研究与控制中起着重要作用。高分辨率大气污染物排放源清单的建立是一项十分庞杂且细致的工作，较早受到发达国家的重视并开展了一系列的研究，目前已经形成了相对完整的排放因子数据库及排放清单管理体系。尤其是以欧美地区为代表，在排放源清单发展的数十年进程中，逐步走向系统化、标准化，而亚洲地区的排放源清单研究则起步较晚。

现有研究表明，钢铁行业属于工业过程源的主要排放源。主要是由于钢铁企业的烧结、球团、炼铁和炼钢等生产工序会排放大量的PM、SO_2、NO_x等大气污染物。其中，SO_2和NO_x等气态污染物在大气中经过复杂的光化学反应和成核凝结聚集过程形成二次气溶胶，造成降水酸化，使能见度降低，并且对人体健康产生极大的危害。目前，国内外现有针对钢铁行业排放清单的研究主要围绕钢铁行业的部分重要工序（如烧结、球团、炼铁和炼钢等）展开。

大气污染源排放清单建立方法主要有在线监测法、污染源调查法、排放因子法等。其中，污染源调查法的数据来源于环保部门，精确度较高；排放因子法的数据精度存在一定的不确定性，但鉴于其数据可获取性强，因此排放因子法应用最为广泛；在线监测法是通过排放口的连续监测设备来获取实时排放量，精确度最高。近年来，我国污染源在线监测数据质量逐年提高，为编制钢铁等工业源排放清单提供了新的思路。

关于钢铁行业排放清单研究，现有研究更多地集中于核算包含钢铁行业在内的多部门排放清单（如工业源排放清单和人为源排放清单）。其中，以整个亚洲或者我国全国为研究对象的钢铁清单研究包括：Streets等（2003）建立的TRACE-P（Transport and Chemical Evolution over the Pacific，太平洋区域传输和化学演变，基准年为2000年）、Zhang等（2009）建立的INTEX-B（Intercontinental Chemical Transport Experiment-Phase B，洲际化学传输实验阶段-B，基准年为2006年）、Ohara等（2007）建立的REAS（Regional Emission Inventory in Asia，亚洲区域排放清单）以及清华大学团队开发的中国多尺度排放清单模型 MEIC

（Multi-resolution Emission Inventory for China）等。以省市为研究对象的钢铁清单包括：Zhou等（2017）采用自下而上的方法，编制了江苏省包含钢铁行业在内的多部门高分辨率排放清单，包括 SO_2、NO_x、CO、NH_3、VOCs、总悬浮颗粒物（TSP）、PM_{10}、$PM_{2.5}$、黑碳（BC）、有机碳（OC）和 CO_2。以上清单研究均较为系统地研究了我国的大气污染物排放情况，也得到了广泛应用。然而，上述清单中钢铁行业均被划分到整体的工业部门中，而不是作为单独的部门进行清单计算。

此外，由于我国钢铁行业大气污染源排放清单研究起步较晚，现有针对钢铁行业单部门的排放清单研究主要围绕局部区域或省市钢铁行业的重点工序（烧结、球团、炼铁和炼钢等）展开，针对钢铁行业全国范围全工序大气污染物排放清单的研究较少。例如，伯鑫等（2015）针对目前京津冀地区钢铁行业大气污染物排放量基数不清以及排放清单缺失的现状，以钢铁行业调研、企业在线监测以及污染源调查等数据为基础，综合考虑钢铁行业具体工艺设备、环保措施和产能等信息，按照自下而上的方法建立了一套高时空分辨率的钢铁行业排放清单；Zheng（2009）等采用排放因子法，建立了2006年珠三角地区人为源排放清单，估算了 SO_2、NO_x、CO、PM_{10}、$PM_{2.5}$ 和VOCs等排放量情况；李佳等（2016）基于排放因子和活动水平数据，采用排放因子法估算了2014年唐山市钢铁企业 SO_2、NO_x、CO、PM_{10}、$PM_{2.5}$、VOCs等污染物排放量；段文娇等（2018）编制了2015年京津冀地区钢铁行业清单，重点工序包括焦化、烧结、球团、炼铁、炼钢、轧钢等；雷宇（2008）基于2005年国内重点钢铁企业的烧结、炼铁、转炉炼钢、电炉炼钢等重要工序的污染物排放因子，采用排放因子法编制了2005年87个重点大中型钢铁企业点源排放清单。

另外，通过对现有研究进行总结，发现已有研究主要应用文献中的排放因子数据，缺少表征时空变化的实时监测数据，无法反映在现状控制水平条件下污染物排放水平。例如，王堃等（2015）和赵羚杰（2016）根据文献调研等的排放因子数据，与年鉴等资料相结合，建立了2011—2013年我国钢铁行业大气排放清单；Wu等（2015）采用排放因子法核算了2012年全国各个省份钢铁行业排放清单，包括4种气态空气污染物（SO_2、NO_x、VOCs、PCDD/Fs）和颗粒物（$PM_{2.5}$、TSP）；Wang等（2016）自下而上建立了钢铁行业大气污染物排放清单，其中排放因子来源于现有文献或相关手册；Wang 等（2019）采用排放因子法自下而上建立了 2010—2015 年我国钢铁行业基于机组的 SO_2、NO_x、$PM_{2.5}$、PM_{10} 和TSP排放清单；Gao等（2019）基于自下而上的排放因子法（政策文件等）建立了我国钢铁行业的空气污染物清单，并分析了我国钢铁行业大气污染物排放总量的时空特征。

综上，现有针对我国钢铁行业排放清单的研究关注的排放工序不同，且多集中于单个工序大气污染排放分析，缺少对钢铁行业全部工序的分析；或针对不同的研究区域，多集中于单个钢铁企业或者特定区域钢铁企业研究（某省、某城市等），缺乏对我国钢铁行业整体大气污染情况的综合研究；或针对全国排放清单，钢铁行业被划分到整体的工业部门中，而不是作为单独的部门进行清单计算。

值得注意的是，现有研究表明实时监测的在线数据可以很大程度提高大气污染排放估算的准确性。例如，Tang 等（2019）、Karplus 等（2018）和 De Gouw 等（2014）使用 CEMS 数据研究了火电厂的排放行为。然而，我国现有的钢铁行业排放清单，均根据平均排放因子来估算排放量，缺乏根据实测数据获得的排放因子。但是，通过对相关参数、技术以及钢铁厂的运行状况进行假设，估算得到的排放因子具有高度的不确定性。此外，现有清单中的排放因子是单一且不变的，无法反映单个设备的异质动态特征。基于上述情况，本书拟建立的我国钢铁行业大气排放清单，是通过引入钢铁企业小时维度实时监测数据（CEMS），以获得直接的、实时的和动态的排放因子，从而得到更精确的排放清单核算结果。不仅如此，本书构建的清单是全国范围的、全工序的、高时空分辨率的钢铁行业大气排放清单。

1.3.2 钢铁行业大气污染物排放环境影响研究

我国国内的钢铁产量需求大，所产生的污染排放也给城市大气环境造成了一定压力。虽然大气排放政策针对的重点区域（如“2+26”城市等）中的钢铁联合企业已经开始采用先进的生产设备和环保措施，能有效减少污染物排放量，但由于重点区域的钢铁企业普遍位于居民密集区，其大气排放所导致的环境污染仍是公众关注的重要问题之一。例如，2013 年唐山空气质量在河北省排名倒数第四，而冶金行业（主要指钢铁企业）是当地重要支柱行业和 $PM_{2.5}$ 贡献来源（贡献率为 20.67%）。

现有针对钢铁企业大气环境影响分析的研究，已有部分学者采用数值模型对部分区域排放的 PM 进行了模拟，发现工业源贡献最大的为钢铁冶金行业。例如，Song 等（2006）基于北京市 PM_{10} 排放清单，采用 CALPUFF 模拟了 2000 年 1 月 1 日至 2000 年 2 月 29 日 PM_{10} 污染情况，结果发现首钢对石景山工业区 PM_{10} 污染浓度贡献率达到了 46%，而对北京市中心以及东部地区影响不大；温维等（2014）分析了唐山市金属冶金（钢铁）行业对 2012 年 7 月的 $PM_{2.5}$ 贡献情况，结果表明金属冶金工业贡献率达 22.6%；陈国磊等（2016）研究结果表明，2013 年承德市冶金行业对当地 $PM_{2.5}$ 贡献率为 13.3%。此外，部分学者从城市钢铁厂大气污染源解析和钢铁企业大气污染等角度进行研究。例如，张文艺等（2006）通过对马鞍山市能源结构、历年工业用煤量、SO_2 排放总量、酸雨发生频率和硫酸盐化速率等数据资料进行分析，认为该市 1996—2000 年大气 SO_2 污染贡献主要来源于钢铁工业点源；陈鹏（2009）通过对 2008 年重庆市主城区大气 PM_{10} 来源进行解析研究，采用因子分析法确定主要污染源，利用二重源解析技术进行解析，发现钢铁尘的分担率为 5.40%；张洁和韩军赞（2018）针对钢铁企业颗粒物的排放情况进行研究，并形成了排放图谱。综上所述，现有研究主要集中在 SO_2、$PM_{2.5}$、PM_{10} 等污染物对大气环境影响分析，缺少从宏观角度（钢铁行业战略环境影响评价）分析我国整个钢铁行业对区域空气质量的影响。

研究钢铁行业排放的环境影响最常用的模型是扩展综合空气质量模型（Comprehensive Air Quality Model Extensions，CAMx）。CAMx 是美国环境技术公司开发的三维空气质量模式，可模拟气态与粒状污染物，PSAT 是 CAMx 数值模型中的重要工具，能解析不同区域、不同种类污染源排放对颗粒物的贡献。至今，CAMx 在国内相关研究中获得了广泛应用，并在我国区域层面进行了一系列大气环境质量模拟和验证，相关研究主要集中在城市、区域、全国的污染传输和来源解析等方面。例如，伯鑫等（2017）采用 CAMx 模拟分析了 2012 年京津冀地区钢铁行业大气污染物对区域空气质量的贡献情况，认为冬季京津冀钢铁企业对整个区域 $PM_{2.5}$、SO_2、NO_x 最高浓度贡献占比分别为 14.0%、28.7%、43.2%，夏季分别为 13.1%、28.7%、53.4%；黄晓波等（2016）采用 CAMx 和 CMAQ 模型（Community Multiscale Air Quality，区域多尺度空气质量模型）对 2013 年 12 月珠三角地区细颗粒物污染模拟效果开展对比评估。

综上，CAMx 是国内一系列大气环境质量模拟和验证的有效工具，被广泛用于研究钢铁行业大气污染物对环境的影响评估。但在我国已经对钢铁企业等采取超低排放改造等措施的情况下，目前缺少针对我国钢铁企业现状情景以及超低排放改造情景下对区域空气质量影响的研究。因此，本书采用 CAMx 模型对我国钢铁行业大气污染物排放的历史情景、新建标准执行情景、现状情景以及未来情景（超低排放改造）展开模拟研究。

1.4 研究内容及技术路线

1.4.1 研究对象

本书的研究对象为我国钢铁行业大气污染物排放。钢铁行业涉及工序较多，主要包括烧结（球团）、焦化、炼铁、炼钢和轧钢等。其中，发达国家钢铁行业主要以短流程电炉炼钢为主，而我国以长流程高炉—转炉炼钢为主。炼铁前段流程（烧结、高炉等）是大气污染物主要排放环节，存在能耗大以及污染物排放量大等问题。本书核算钢铁行业大气污染有组织排放量，从工序角度，基于现有研究范围以及钢铁行业排放标准规定的主要工序，主要核算烧结、球团、焦化、高炉、转炉、电炉和轧钢工序排放量。钢铁行业不同工序排放的大气污染物也有所不同，根据《污染源源强核算技术指南　钢铁工业》和《城市大气污染物排放清单编制技术手册》等，本书针对钢铁行业各个生产工序的几种主要排放物，如 SO_2、NO_x、PM_{10}、$PM_{2.5}$、BC、OC、EC、CO 和 VOCs（相关污染物因子是 CAMx 模拟的重要物种），进行分析核算。具体的钢铁企业工艺流程及排污节点见图 1-2，各工序环节大气污染物因子见附表2。

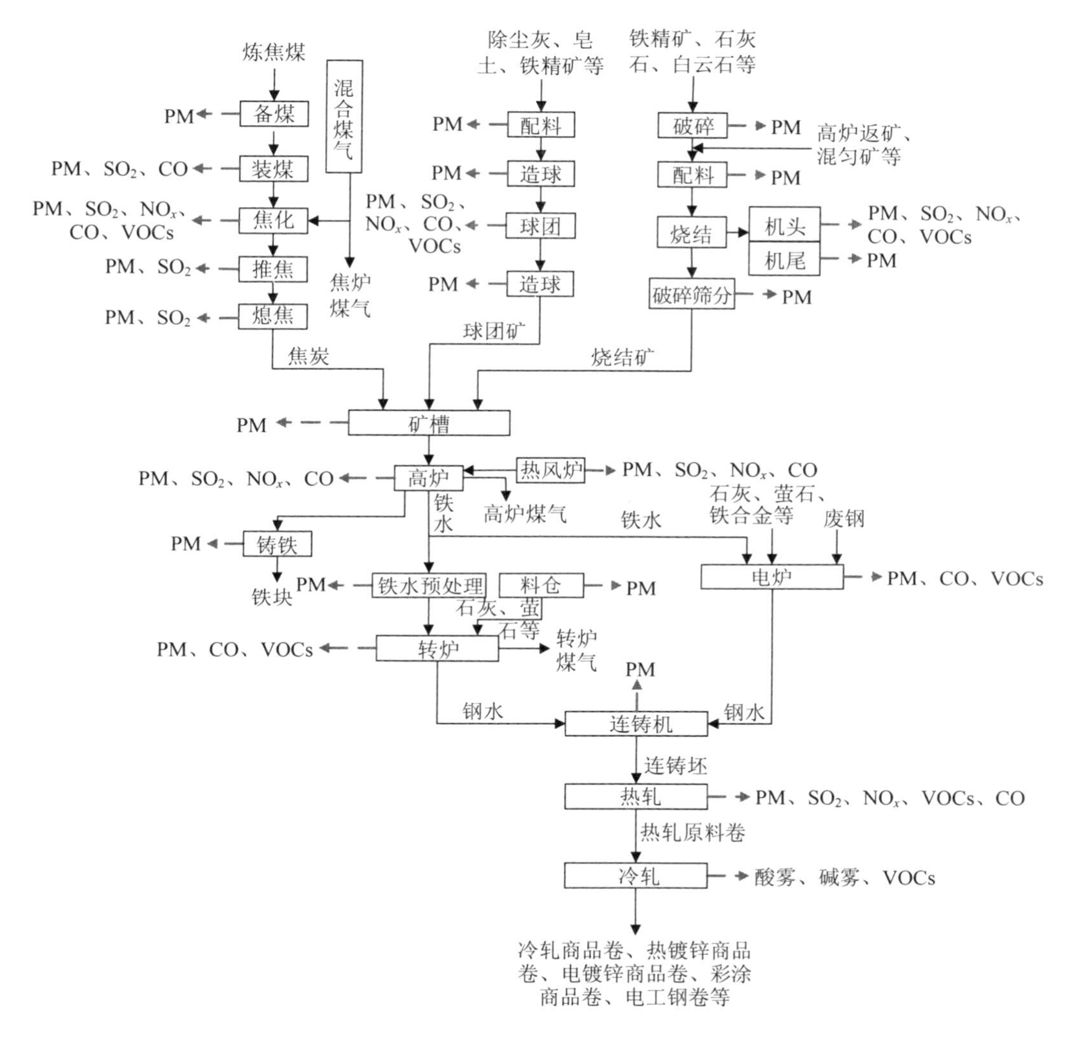

图 1-2 钢铁企业流程及排污节点

主要污染物及其排放工序如下：

（1）PM。PM排放量取决于各环节烟（粉）尘的产生量及除尘器的除尘效率。目前钢铁企业除尘器多为袋式除尘器和静电除尘器，除尘效率多在99%以上。本书研究的PM排放主要包括PM_{10}、$PM_{2.5}$、BC、OC和EC 5种污染物排放。

（2）SO_2。烧结和球团工序是钢铁联合企业排放SO_2的主要工序，一般占企业SO_2总排放量的80%以上，硫主要来源于烧结、球团用矿和燃料用煤。一般来说，在燃烧过程中，原料和燃料中80%以上的硫以SO_2形式排放，原料和燃料中含硫率越高，向外排放的SO_2量越大。

（3）NO_x。烧结工序是钢铁企业排放 NO_x 的主要工序，其他工序如球团、焦化以及热处理炉等也会产生一定的 NO_x。目前，钢铁脱硝技术成熟度整体低于脱硫技术。

（4）VOCs。钢铁企业 VOCs 的主要排放源有烧结、球团、焦化、转炉、电炉和轧钢。一般情况下，烧结和焦化工序是钢铁行业 VOCs 的主要排放源。

（5）CO。钢铁企业 CO 的主要排放源有烧结、高炉、转炉、电炉和轧钢，其中烧结和高炉工序是钢铁企业 CO 的主要排放源。

针对烧结机尾工序，本书核算烧结机尾 PM 排放，因为在现有标准下钢铁行业大气污染物排放标准中，如钢铁烧结、球团工业大气污染物排放标准（GB 28662—2012）以及钢铁行业超低排放标准，对烧结机尾的大气污染物排放限值仅针对颗粒物排放进行限制。另外，现有研究对于钢铁行业烧结机尾的污染物排放核算主要针对颗粒物（$PM_{2.5}$ 等）。

自 2012 年至今，我国钢铁行业的产能、产量、生产技术以及环保标准等变化较大，本书拟从不同的时间情景视角，对我国钢铁行业大气污染物排放特征与其环境影响进行研究。本书以 2012 年作为历史情景、2015 年作为新建标准执行情景、2018 年作为现状情景以及未来年为未来情景，相关年份选择的主要依据如下：

（1）2012 年（历史情景或者现有标准执行情景），我国针对钢铁行业发布了多项污染物控制标准，要求执行现有企业排放标准。因此，推动了我国钢铁行业环保设施升级及污染物减排等工作，使 2012 年钢铁行业污染物排放浓度水平和因子水平发生了变化。

（2）2015 年（新建标准执行情景），我国要求钢铁行业执行新建企业排放标准。此外，受经济下行等因素影响，2015 年我国粗钢产量首次下降，造成 2015 年钢铁行业污染物排放浓度水平、因子水平以及活动水平发生了变化。

（3）2018 年（现状情景或者超低排放标准开始执行情景），5 月发布的文件《钢铁企业超低排放改造工作方案（征求意见稿）》要求钢铁行业开始执行超低排放标准，部分钢铁企业开始超低排放改造，因此，推动了我国钢铁行业环保设施升级及污染物减排等工作，使 2018 年钢铁行业污染物排放浓度水平、因子水平和活动水平发生了变化。

（4）未来年，2019 年 4 月发布的《关于推进实施钢铁行业超低排放的意见》（环大气〔2019〕35 号）要求“到 2025 年年底前，重点区域钢铁企业超低排放改造基本完成，全国力争 80%以上产能完成改造”。从而可以预计未来钢铁行业污染物排放浓度以及因子水平等会进一步降低。基于此，本书考虑了两种未来年情景：①未来情景Ⅰ，假设我国钢铁行业未来产量（活动水平）与 2018 年现状相同，但各工序全面达到了超低排放标准；②未来情景Ⅱ，假设我国人均粗钢消费量达到了发达国家水平（电炉钢比例上升，转炉钢比例下降），各工序全面达到了超低排放标准。

1.4.2 研究内容

本书以我国钢铁行业大气排放源为研究对象，基于全国钢铁企业污染源排放在线监测（CEMS）数据，开展钢铁行业大气污染物排放浓度及环境影响研究。本书的实证研究共分为三部分：

（1）基于钢铁企业 CEMS 数据，通过提取、数据挖掘等，分析 2015—2018 年不同维度主要工序排放浓度变化情况（年均/月均）、达标情况（烧结机头、烧结机尾、球团焙烧），开展钢铁企业烟气超低排放改造潜力分析。

（2）利用 CEMS 数据和环境统计数据资料，开发了一套快速更新我国钢铁行业大气排放清单的方法，建立了基于生产工艺的钢铁行业大气污染物排放清单管理系统，自下而上编制 2012 年、2015 年和 2018 年基于工序的高分辨率钢铁企业大气污染源排放清单。同时，提出了未来年钢铁行业大气排放清单模型建立方法；提出了本书的钢铁行业大气排放清单与现有清单的区别，并进行了不确定性分析。

（3）采用数值模型 CAMx 模拟分析 2012 年（历史情景下）、2015 年（新建标准执行情景下）、2018 年（现状情景下）和未来年（2 种情景下）全国尺度钢铁企业大气污染环境影响，分析各个省份、“2+26”城市、长三角城市和汾渭平原城市（见附表 3）中钢铁行业的污染贡献。

1.4.3 技术路线

本书在明确研究目标的基础上，通过对大量的文献进行总结与分析，对我国钢铁行业大气污染排放特征和环境影响进行研究。本书中 2012 年排放清单的建立主要基于环境统计数据、环境影响评价数据等，依据我国钢铁行业生产设备规模、生产能力等，分级核算不同规模企业排放量水平。本书中 2015 年和 2018 年排放清单的建立则主要基于 2015 年和 2018 年 CEMS 数据，结合环境统计数据中各个工序的活动水平数据，核算 2015 年和 2018 年排放清单。最后，基于不同排放标准和情景，分析我国钢铁行业大气排放对环境的影响。具体技术路线如图 1-3 所示。

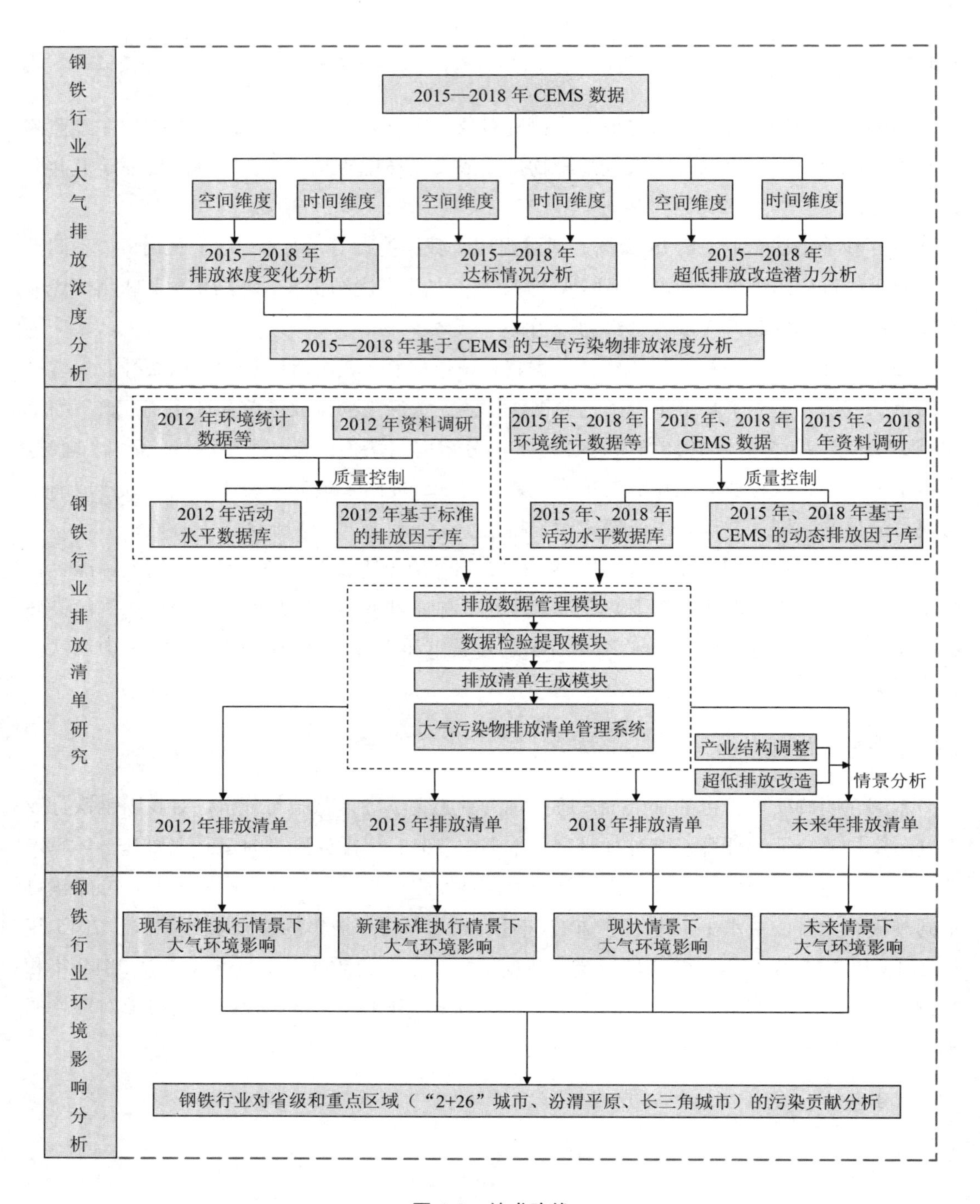
钢铁行业大气排放浓度分析
2015—2018 年 CEMS 数据
空间维度
时间维度
空间维度
时间维度
空间维度
时间维度
2015—2018 年
排放浓度变化分析
2015—2018 年
达标情况分析
2015—2018 年
超低排放改造潜力分析
2015—2018 年基于 CEMS 的大气污染物排放浓度分析
钢铁行业排放清单研究
2012 年环境统计
数据等
2012 年资料调研
质量控制
2012 年活动
水平数据库
2012 年基于标准
的排放因子库
2015 年、2018 年
环境统计数据等
2015 年、2018 年
CEMS 数据
2015 年、2018
年资料调研
质量控制
2015 年、2018 年
活动水平数据库
2015 年、2018 年基于
CEMS 的动态排放因子库
排放数据管理模块
数据检验提取模块
排放清单生成模块
大气污染物排放清单管理系统
产业结构调整
超低排放改造
情景分析
2012 年排放清单
2015 年排放清单
2018 年排放清单
未来年排放清单
钢铁行业环境影响分析
现有标准执行情景下
大气环境影响
新建标准执行情景下
大气环境影响
现状情景下
大气环境影响
未来情景下
大气环境影响
钢铁行业对省级和重点区域（“2+26”城市、汾渭平原、长三角城市）的污染贡献分析

图 1-3　技术路线

第 2 章
我国钢铁行业主要工序大气污染物排放浓度分析研究

我国大气污染物排放的主要工业源包括火电、钢铁、水泥等行业，自 2014 年起，火电行业开展大规模超低排放改造工作，开始执行超低排放标准（PM 为 10 mg/m^3、SO_2 为 35 mg/m^3、NO_x 为 50 mg/m^3）。随着火电行业超低排放改造大面积推广以及大气污染物显著减排，大气污染控制方向逐渐由电力行业转向非电行业（钢铁、水泥行业等）。

我国钢铁行业大气污染物排放浓度受排放标准、环保工艺技术和经济效益等多重影响。2012 年，我国针对钢铁行业发布了多项污染物控制标准，推动了钢铁行业环保设施升级、污染物减排等工作。自 2015 年起，钢铁行业大气排放标准、政策逐渐加严。如 2015 年 1 月 1 日起，现有企业执行新建标准（烧结机头执行标准 PM 为 50 mg/m^3、SO_2 为 200 mg/m^3、NO_x 为 300 mg/m^3）；2017 年，《关于征求〈钢铁烧结、球团工业大气污染物排放标准〉等 20 项国家污染物排放标准修改单（征求意见稿）意见的函》规定了烧结工序 PM、SO_2 和 NO_x 的特别排放限值的修改值（20 mg/m^3、50 mg/m^3 和 100 mg/m^3）；2018 年，《钢铁企业超低排放改造工作方案（征求意见稿）》规定，烧结机头烟气、球团焙烧烟气在基准含氧量 16%条件下，PM、SO_2、NO_x 小时均值排放浓度分别不高于 10 mg/m^3、35 mg/m^3、50 mg/m^3；其他污染源 PM、SO_2、NO_x 小时均值排放浓度分别不高于 10 mg/m^3、50 mg/m^3、150 mg/m^3。2019 年，《关于推进实施钢铁行业超低排放的意见》规定，烧结机头及球团焙烧烟气超低排放标准 PM 为 10 mg/m^3、SO_2 为 35 mg/m^3、NO_x 为 50 mg/m^3，其他污染工序执行标准 PM 为 10 mg/m^3、SO_2 为 30 mg/m^3（焦炉烟囱）和 50 mg/m^3（热风炉、热处理炉）、NO_x 为 150 mg/m^3（焦炉烟囱）和 200 mg/m^3（热风炉、热处理炉），2020 年年底前完成 60%左右产能超低排放改造，2025 年年底前完成 80%左右产能超低排放改造。全国具备改造条件的钢铁企业力争实现超低排放，超低排放标准比国外标准严格（以烧结工序为例，德国 PM 为 20 mg/m^3、SO_2 为 500 mg/m^3、NO_x 为 400 mg/m^3；澳大利亚 PM 为 10 mg/m^3、SO_2 为 200 mg/m^3、NO_x 为 100 mg/m^3）。

之前，国家对 CEMS 数据的数据传输、考核、管理等没有严格的规定。2014 年，国家陆续发布了《关于 2014 年上半年污染源自动监控数据传输有效率考核工作的通报》

（环办函〔2014〕978 号）、《关于加强环境保护与公安部门执法衔接配合工作的意见》（环发〔2013〕126 号）、《国务院办公厅关于转发环境保护部“十二五”主要污染物总量减排考核办法的通知》（国办发〔2013〕4 号）及《国务院关于印发“十三五”节能减排综合工作方案的通知》（国发〔2016〕74 号）等系列文件，要求对自动监控数据传输有效率开展季度考核（“十二五”期间污染源自动监控数据传输有效率达到 75%以上，2020 年保持在 90%以上），并严厉打击 CEMS 数据的造假行为（CEMS 数据造假入刑等），并规定钢铁行业实施自动监控的主要大气污染物产排污节点（烧结、球团、炼焦、炼铁、炼钢等）。

2015—2018 年，我国钢铁行业大气排放标准逐年加严，推动了钢铁行业环保设施升级、污染物减排等工作。钢铁行业产量增长与排放浓度下降的“脱钩”是否能实现？钢铁行业主要工序大气排放浓度是否得到有效控制？目前，已有研究多集中在钢铁排放清单及单个钢铁厂的烟气组分检测等方面，仍缺乏对钢铁行业各工序大气排放浓度随时间变化情况进行整体评估。

我国于 2013 年发布《大气污染防治行动计划》（即“大气十条”）。到 2017 年，“大气十条”确定的目标如期实现，全国空气质量总体改善，京津冀、长三角、珠三角等重点区域改善明显，也有力推动了大气污染防治的新机制基本形成。但大气污染形势仍然不容乐观，个别地区污染仍然较重。京津冀地区仍然是全国环境空气质量最差的地区，河北、山西、天津、河南、山东 5 省市优良天气占比仍不到 60%，汾渭平原近年来大气污染不降反升。此后，国务院于 2018 年 6 月 27 日发布的《打赢蓝天保卫战三年行动计划》规定，大气污染防治的重点区域是京津冀及周边（即“2+26”城市）、长三角和汾渭平原，重点行业和领域是钢铁、火电、建材等行业以及“散乱污”企业、散煤、柴油货车和扬尘治理等领域。

针对上述问题，本书以 2015—2018 年我国钢铁烧结机头、烧结机尾、球团焙烧烟囱排放口在线监测数据为研究对象，通过提取、数据挖掘等，计算得到排放口浓度变化情况和达标情况，并对重点区域（“2+26”城市、长三角和汾渭平原）的钢铁行业大气排放进一步分析，为国家钢铁行业环境管理与决策工作、钢铁行业大气排放标准评估等提供科学技术支撑。

2.1 数据来源及分析方法

2.1.1 数据来源

本书的 CEMS 数据主要来源于生态环境部生态环境执法局的 CEMS 数据库。从时间维度来看，自 2015 年开始，钢铁行业 CEMS 烟气排放浓度数据质量较高；CEMS 数据库显示，CEMS 设备主要安装在烧结机头、烧结机尾、球团焙烧，其他工序安装 CEMS 设备的排放口数量相对较少。因此，本书聚焦 2015—2018 年我国钢铁主要工序（烧结机头、烧结机尾、球团焙烧）在线监测数据。

研究年份为 2015—2018 年，研究区域包括我国 30 个省、自治区及直辖市（香港、澳门、台湾、西藏暂不考虑，2018 年海南省暂无钢铁企业相关数据）。

2018 年全国安装 CEMS 烟气在线监测设施的钢铁企业共计 361 家（烧结机头、烧结机尾、球团焙烧在线监测排放口 1 004 个）。CEMS 数据包括各企业排放口污染物数据、各省 2018 年在线监测排放口数量（见附表 4）以及安装 CEMS 的钢铁企业位置信息（见图 2-1）。

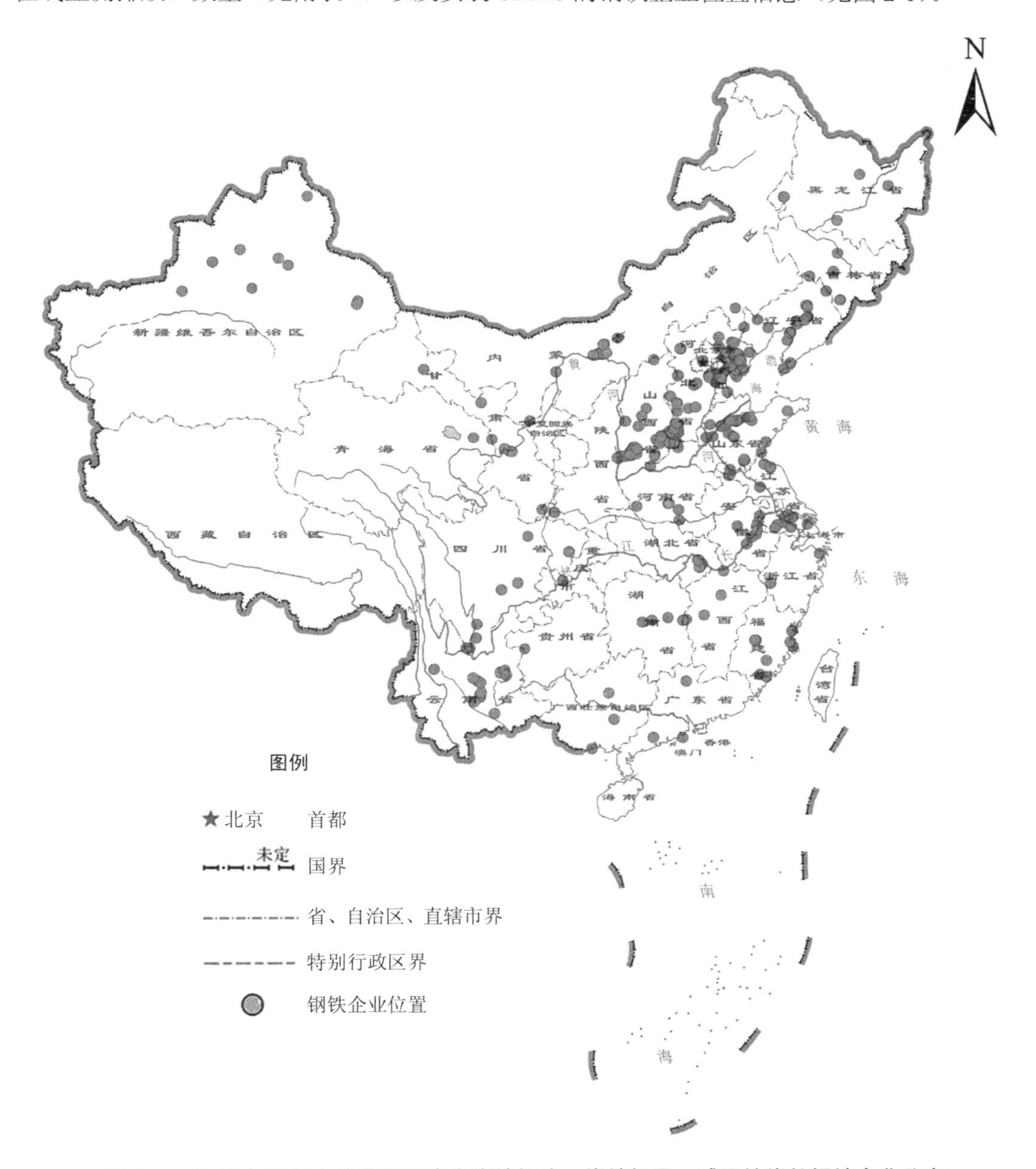

图 2-1　2018 年烟气在线监测工序为烧结机头、烧结机尾、球团焙烧的钢铁企业分布

2.1.2 数据分析方法

为了保证数据的准确性和代表性，本书对在线监测数据开展质量控制，筛选剔除负值、异常值、空值等。为了确保 CEMS 数据传输的质量及可靠性，我国制定了详细的技术规范及导则，并随机抽查企业，进行企业之间的数据比对，以发现异常值，从而规范 CEMS 在线监测网络。然而，由于存在技术性误差，CEMS 数据中仍然存在无效值、零值和异常观测值。对此，本书依据相关文件及规范处理此类数据。其中，《固定污染源烟气排放连续监测技术规范（试行）》（HJ/T 75—2007）对在历史水平附近处波动，并持续 24 h 以上的空值或零值（本书将其设置为月平均值），建议用该时间段前后时间节点的有效 CEMS 数据的算术平均值补充缺失值。此外，通过数据可视化检查每个观察结果，以识别异常值（尤其是位于 CEMS 测量范围内的异常值），对此类异常值，与处理空值方式类似，即依据 HJ/T 75—2007 处理。时间序列聚类分析用于分析逐时和长期污染物的排放趋势。主要指标有两个——达标率和平均排放浓度，分析周期分为时、日、月和年。

本书分别按照《钢铁烧结、球团工业大气污染物排放标准》（GB 28662—2012）新建钢铁企业大气污染物排放浓度限值、《关于推进实施钢铁行业超低排放的意见》（环大气〔2019〕35 号）钢铁企业超低排放指标限值（见附表 5），采用逐时的排放口数据进行新建标准和超低排放标准下的达标分析，即企业排放口超标定义为某排放口某小时的平均浓度超过排放限值，则计该排放口该小时的污染物排放超标 1 次。

按照式（2-1）对排放口达标情况进行统计分析，各省的小时达标率为该省所有排放口小时达标率的加权平均。

$$M_j = \sum t_{i,j} / \sum T_i \tag{2-1}$$

式中：M_j——不同标准下的污染物 j 的小时达标率；

$t_{i,j}$——不同标准下的排放口 i 污染物 j 的达标小时数；

T_i——排放口 i 总运行小时数。

2.2 主要工序大气污染物排放浓度年均变化分析

分析钢铁行业大气污染物排放浓度变化趋势是评估钢铁行业污染物排放标准效果的重要基础。为满足经济和社会快速发展的需要，2015—2018 年我国钢铁粗钢产量由 8.04 亿 t 增长到 9.28 亿 t。从我国主要工序排放口大气污染物年均排放浓度变化来看，2015—2018 年各工序排放口年均浓度基本保持下降趋势，其中烧结机头 PM_{10}、SO_2 和 NO_x 年均浓度分别下降 19.05%、14.97%和 0.46%；烧结机尾 PM_{10} 年均浓度下降 20.92%；球团焙烧 PM_{10}、SO_2 和 NO_x

年均浓度分别下降 16.14%、10.63%和 6.98%（见图 2-2）。其中，NO_x 下降幅度明显低于其他两种污染物，主要是因为 NO_x 排放控制标准（如烧结机头新建标准 300 mg/m^3）相对较高，企业脱硝设备覆盖率低。2015—2018 年，我国钢铁粗钢产量与主要工序大气污染物年均排放浓度的变化趋势呈现相反的特征，说明近年来对钢铁行业污染控制效果较好。

从图 2-3 可以看出，近年来，随着城市钢厂搬迁、淘汰落后产能、环保政策加严等，我国粗钢产量整体虽呈现增长趋势，而主要工序污染物浓度年均值呈现下降趋势。我国钢铁各主要工序在 2015 年开始执行新建排放标准。但由于环保政策逐年加严，钢铁行业逐年升级环保改造，各主要工序大气污染物排放浓度（SO_2 和 PM_{10}）趋向超低排放标准，进一步说明近年来钢铁厂脱硫、除尘设备的大量增加，使大气污染控制效果较好。2015—2018 年，我国烧结机头的 NO_x 年均排放浓度略有上升（但整体低于新建标准 300 mg/m^3），说明这期间我国烧结机头整体没有开展大规模的脱硝工作，NO_x 还有很大的减排空间。

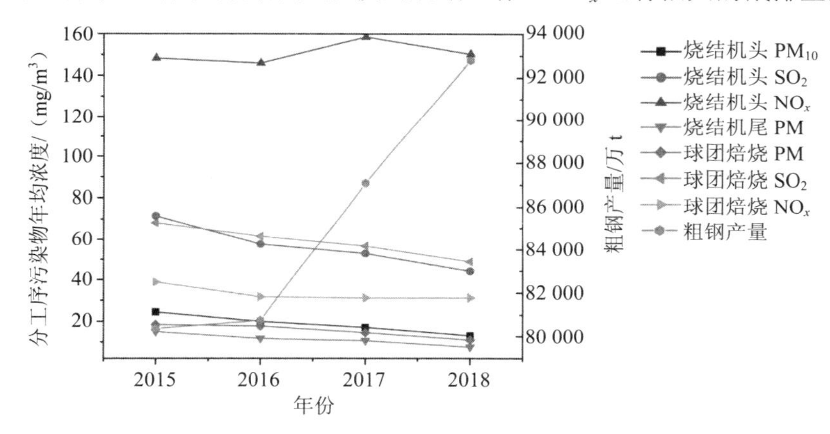

图 2-2　我国主要工序排放污染物浓度年均值与钢铁产量变化趋势对比

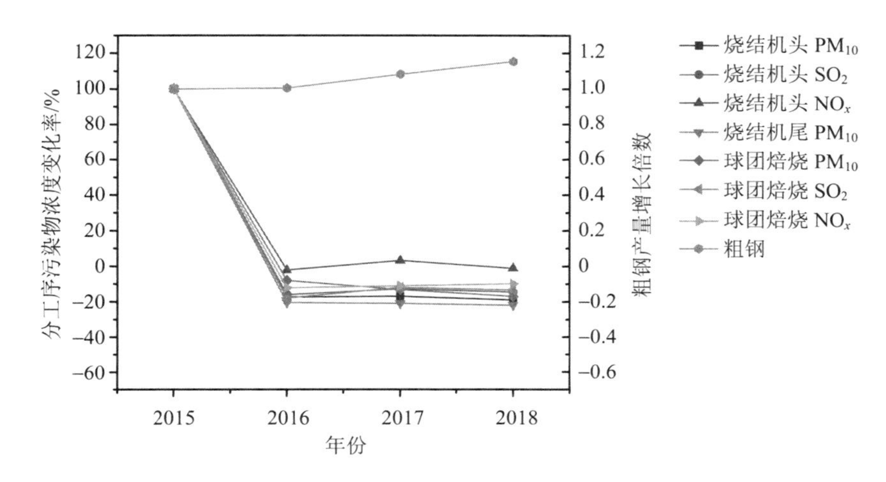

图 2-3　我国钢铁产量增长倍数与主要工序污染物浓度年均值变化率对比

2.3　主要工序大气污染物排放浓度月均变化分析

从全国尺度来看，2015—2018 年我国主要工序大气污染物月均排放浓度基本保持下降趋势（见图 2-4）。其中，烧结机头 PM_{10}、SO_2 和 NO_x 月均浓度分别下降 1.95%、1.76%和 0.60%，虽然 NO_x 月均浓度在部分月份上升（如 2017 年 8 月和 2018 年 5 月），但从 2018 年 10 月开始，烧结机头 PM_{10}、SO_2 和 NO_x 月均浓度快速下降，2018 年 12 月烧结机头 PM_{10}、SO_2 和 NO_x 月均浓度下降到 10.40 mg/m^3、34.94 mg/m^3 和 107.65 mg/m^3，PM_{10} 和 SO_2 接近超低排放标准；烧结机尾 PM_{10} 月均浓度下降 2.33%，2018 年 12 月烧结机尾 PM_{10} 月均浓度为 7.03 mg/m^3（达到了超低排放标准）；球团焙烧 PM_{10}、SO_2 和 NO_x 月均浓度分别下降 1.95%、2.26%和 1.48%；2018 年 12 月球团焙烧 PM_{10}、SO_2 和 NO_x 月均浓度下降到 8.48 mg/m^3、38.03 mg/m^3 和 29.61 mg/m^3）（PM_{10} 和 NO_x 达到了超低排放标准，SO_2 接近超低排放标准）。主要因为自 2015 年以来，我国钢铁行业球团工序大幅新增脱硫设备，球团焙烧的 SO_2 月均浓度逐年下降。另外，相比于 PM_{10} 和 SO_2，由于当前钢铁行业并未大规模增设脱硝设备，虽然 NO_x 呈现下降趋势，但其月均下降率较低。由此可见，自 2015 年我国新建标准执行以来，钢铁行业主要工序节点污染物排放浓度逐步降低，排放水平持续下降。

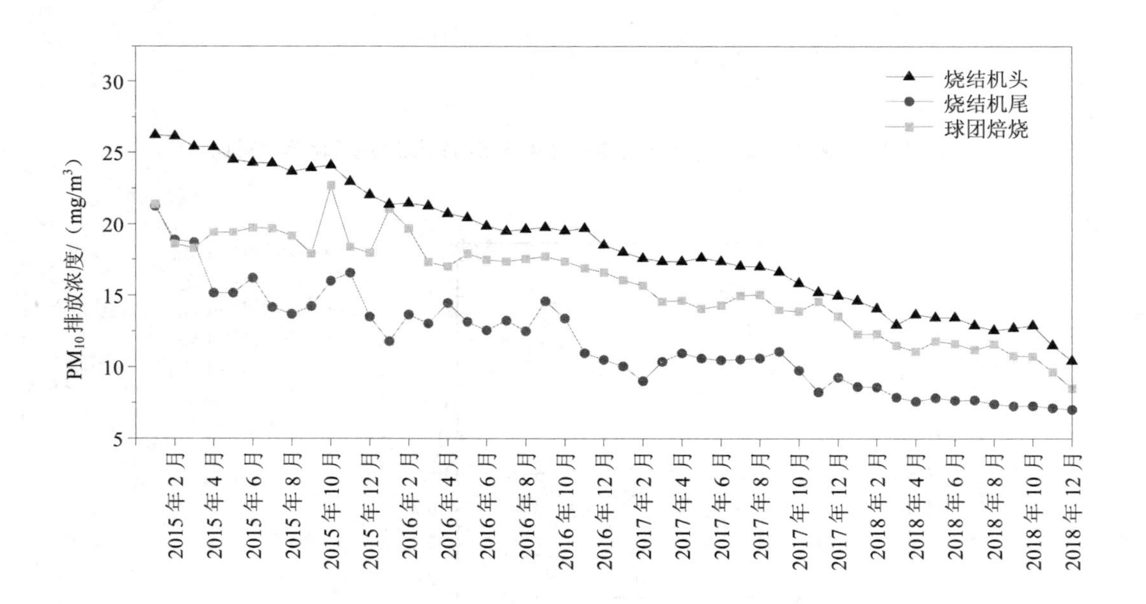

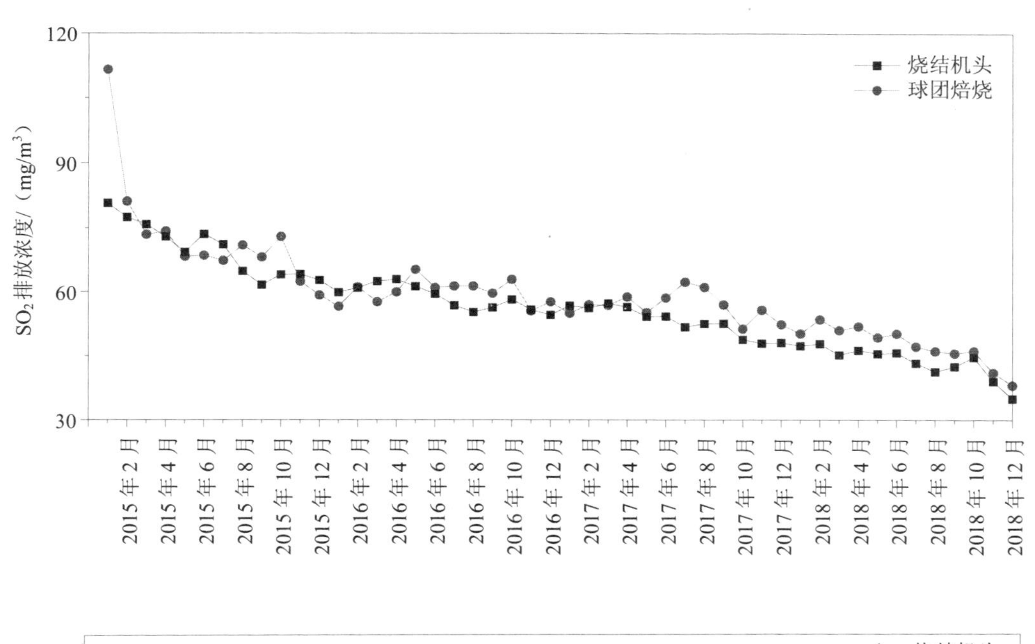

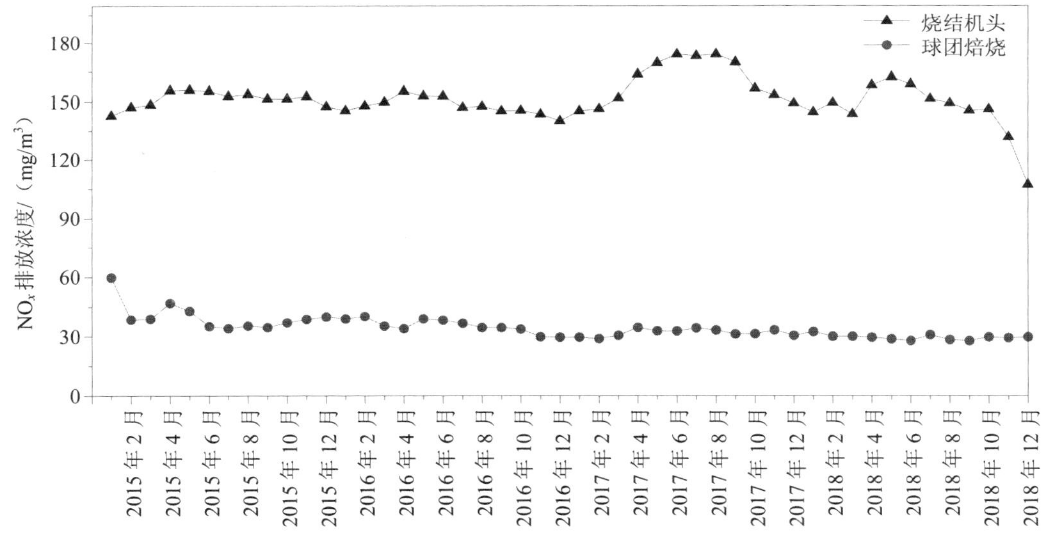

图 2-4 我国钢铁烧结机头、烧结机尾、球团焙烧各污染物浓度月均值变化

从城市尺度来看，《京津冀及周边地区 2017—2018 年秋冬季大气污染综合治理攻坚行动方案》规定，在秋冬季期间（2017 年 10 月—2018 年 3 月），“2+26”城市的钢铁企业需要采取错峰限停产的措施。此外，“2+26”城市也是《打赢蓝天保卫战三年行动计划》重点关注的地区。从表 2-1 可以看出，在 2017 年 10 月—2018 年 3 月，“2+26”城市钢铁企业执行了严格的大气污染控制措施（错峰生产、停产、限产、减排等），部分钢铁企业完成了烧结机头超低排放改造工作，进一步降低了排放浓度，而其他区域城市并不受秋冬季应急减排政策的影响。因此，“2+26”城市（实施应急减排）主要工序污染物浓度下降幅度整体强于其他区域（未实施应急减排）秋冬季下降幅度。

表 2-1 秋冬季钢铁主要工序污染物浓度变化率 单位：%

污染物	2015 年 10 月—2016 年 3 月		2016 年 10 月—2017 年 3 月		2017 年 10 月—2018 年 3 月	
	“2+26”城市	其他区域	“2+26”城市	其他区域	“2+26”城市	其他区域
烧结机头 PM_{10}	−1.43	−4.24	−2.54	−1.96	−7.10	−1.96
烧结机头 SO_2	−0.30	−0.79	−0.35	−0.27	−1.42	−2.16
烧结机头 NO_x	−0.79	1.04	1.22	−0.46	−2.48	0.20
烧结机尾 PM_{10}	−0.51	−9.11	−7.15	0.52	−7.10	−5.38
球团焙烧 PM_{10}	−7.41	−1.60	−4.16	−2.15	−3.29	−4.72
球团焙烧 SO_2	−7.51	−1.38	1.13	−3.46	−1.86	1.87
球团焙烧 NO_x	−0.46	−1.71	0.31	1.17	−2.99	−0.11
三项污染物总平均	−2.63	−2.54	−1.65	−0.94	−3.75	−1.75

从不同时期的“2+26”城市钢铁排放污染物浓度下降幅度对比来看，2017 年 10 月—2018 年 3 月下降幅度最大，2015 年 10 月—2016 年 3 月次之，2016 年 10 月—2017 年 3 月最小。这主要是因为在 2017 年 10 月—2018 年 3 月，受秋冬季应急减排影响，部分企业开始或已经完成了超低排放改造工作；2015 年 10 月—2016 年 3 月，受 2015 年执行的国家新建标准限值和河北地方标准等影响，部分钢铁企业开展并完成环保改造；2016 年 10 月—2017 年 3 月，政策执行相对稳定，企业排放污染物浓度下降幅度波动不大。

2.4 主要工序大气污染物排放达标分析

2.4.1 2015—2018 年烧结机头烟气小时达标率分析

根据新建排放限值考核，我国 2015 年钢铁行业烧结机头烟气排放口全年 PM_{10}、SO_2 和 NO_x 的平均小时浓度达标率分别为 96.20%、97.74%和 98.69%。整体而言，由于 NO_x 排放标准限值（300 mg/m^3）较高，2015 年我国烧结机头 NO_x 达标率最高。从不同省份来看，PM_{10} 小时达标率最高的是天津，为 99.98%；小时达标率最低的是重庆，为 33.40%。SO_2 小时达标率最高的是天津，为 99.96%；小时达标率最低的是四川，为 67.47%，主要由于四川省等地区铁矿石、燃料煤等有较高的含硫率（根据环境统计数据，2015 年四川省钢铁行业燃料煤平均含硫量达 0.92%，远高于全国均值水平 0.68%）。NO_x 小时达标率最高的是浙江、黑龙江以及广西，均为 100%；小时达标率最低的是陕西，为 92.56%（见附表 6）。

我国 2016 年钢铁行业烧结机头烟气排放口全年 PM_{10}、SO_2 和 NO_x 的平均小时浓度达标率分别为 99.18%、99.65%和 99.69%。2016 年，烧结机头烟气 PM_{10} 小时达标率最高的是天津、福建、重庆和河南，均为 100%；小时达标率最低的是贵州，为 90.09%。SO_2 小时达标率最高的是上海，为 100%；小时达标率最低的是贵州，为 82.80%，主要是与贵州地区原料和燃料较高的含硫率相关。NO_x 小时达标率最高的是浙江、黑龙江、宁夏和湖南，均为 100%；小时达标率最低的是新疆，为 86.28%（见附表 7），主要与新疆地区污染物控制水平较低、控制力度较小相关。

我国 2017 年钢铁行业烧结机头烟气排放口全年 PM_{10}、SO_2 和 NO_x 的平均小时浓度达标率分别为 100.00%、99.98%和 100.00%。2017 年，烧结机头烟气 PM_{10} 小时达标率最高的是吉林、山东、湖北和广东，均为 100%；小时达标率最低的是四川，为 97.22%。SO_2 小时达标率最高的是吉林、山东和甘肃，均为 100%；小时达标率最低的是重庆，为 87.99%。NO_x 小时达标率最高的是黑龙江、山东、广东和甘肃，均为 100%；小时达标率最低的是新疆，为 89.91%（见附表 8）。主要由于新疆、四川和重庆等地污染控制力度较小，生产原料（如铁矿石）和燃料含硫分和灰分较高。

我国 2018 年钢铁行业烧结机头烟气 PM_{10} 小时达标率最高的是河南、新疆，均为 100%；小时达标率最低的是重庆，为 98.91%。SO_2 小时达标率最高的是天津、上海、河南和新疆，均为 100%；小时达标率最低的是广西，为 98.72%。NO_x 小时达标率最高的是上海、甘肃、河南、吉林、内蒙古以及新疆，均为 100%（见附图 1）；小时达标率最低的是广西，为 97.56%（见附表 9）。说明未来要进一步加强对广西、重庆等西部地区污染物排放控制力度，改善西部地区大气污染现状。

2.4.2　2015—2018 年烧结机尾烟气小时达标率分析

根据新建排放限值考核，我国 2015 年烧结机尾烟气排放口 PM_{10} 的平均小时浓度达标率为 96.18%。烧结机尾烟气 PM_{10} 小时达标率最高的是甘肃、湖北和福建，均为 100%；小时达标率最低的是内蒙古，为 36.82%（见附表 6）。

我国 2016 年烧结机尾烟气排放口 PM_{10} 的平均小时浓度达标率为 99.75%。烧结机尾烟气 PM_{10} 小时达标率最高的是湖北、内蒙古、福建、安徽和广东，均为 100%；小时达标率最低的是甘肃，为 87.30%（见附表 7）。

我国 2017 年烧结机尾烟气排放口 PM_{10} 的平均小时浓度达标率为 99.83%。烧结机尾烟气 PM_{10} 小时达标率最高的是福建、安徽、江西、广东、辽宁和内蒙古，均为 100%；小时达标率最低的是四川，为 50.65%（见附表 8）。

我国 2018 年烧结机尾烟气排放口 PM_{10} 的平均小时浓度达标率为 99.81%。烧结机尾烟气 PM_{10} 小时达标率最高的是天津、福建、安徽、江西、湖北和河南，均为 100%；小时达标率最低的是吉林，为 98.08%（见附图 2 和附表 9）。

2.4.3 2015—2018 年球团焙烧烟气小时达标率分析

根据新建排放限值考核，我国 2015 年球团焙烧烟气排放口全年 PM_{10}、SO_2 和 NO_x 的平均小时浓度达标率分别为 98.96%、96.92%和 99.61%。球团焙烧烟气 PM_{10} 小时达标率最高的是天津、重庆、安徽、新疆和吉林，均为 100%；小时达标率最低的是山西，为 58.02%。SO_2 小时达标率最高的是天津，为 99.98%；小时达标率最低的是新疆，为 50%。NO_x 小时达标率最高的是天津、重庆、山西、江西、甘肃、安徽和新疆，均为 100%；小时达标率最低的是吉林，为 94.89%（见附表 6）。

我国 2016 年球团焙烧烟气排放口全年 PM_{10}、SO_2 和 NO_x 的平均小时浓度达标率分别为 99.73%、99.65%和 99.95%。2016 年，球团焙烧烟气 PM_{10} 小时达标率最高的是天津、河南、安徽、江西和山东，均为 100%；小时达标率最低的是黑龙江，为 90.79%。SO_2 小时达标率最高的是云南，为 99.99%；小时达标率最低的是新疆，为 92.64%。NO_x 小时达标率最高的是天津、江西、河南、甘肃、安徽和新疆，均为 100%；小时达标率最低的是吉林，为 99.67%（见附表 7）。

我国 2017 年球团焙烧烟气排放口全年 PM_{10}、SO_2 和 NO_x 的平均小时浓度达标率分别为 99.96%、99.95%和 99.99%。2017 年，球团焙烧烟气 PM_{10} 小时达标率最高的是天津、安徽、江西、辽宁、山东和黑龙江，均为 100%；小时达标率最低的是甘肃，为 99.48%。SO_2 小时达标率最高的是天津，为 100%；小时达标率最低的是甘肃，为 99.44%。NO_x 小时达标率最高的是天津、河南、山东、新疆、江西、黑龙江、甘肃和河北，均为 100%；小时达标率最低的是辽宁，为 99.85%（见附表 8）。

我国 2018 年球团焙烧烟气排放口全年 PM_{10}、SO_2 和 NO_x 的平均小时浓度达标率分别为 99.97%、99.98%和 99.99%。2018 年，球团焙烧烟气 PM_{10} 小时达标率最高的是天津、安徽、辽宁、山东、江西、四川和新疆，均为 100%；小时达标率最低的是黑龙江，为 99.16%。SO_2 小时达标率最高的是天津、山东、新疆、云南、河南、黑龙江和湖南，均为 100%；小时达标率最低的是甘肃，为 99.66%。NO_x 小时达标率最高的是天津、山东、湖南、四川、吉林、安徽和河北，均为 100%；小时达标率最低的是辽宁，为 99.80%（见附表 9 和附图 3）。

综合上述分析，近年来河北、山东和天津等东部地区污染控制水平逐步提高，大气污染状况较好；相反，新疆、广西和四川等西部地区由于控制力度较弱，重点工序（烧结、球团等）达标情况较差，未来应进一步加强对西部地区的管控。

2.5　重点区域钢铁行业主要工序大气污染物排放达标分析

2018 年，我国发布了《钢铁企业超低排放改造工作方案（征求意见稿）》，因此本书中超低排放达标分析的基准年为 2018 年。全国及重点区域 2018 年钢铁行业烧结机头、烧结机尾、球团焙烧烟气排放口的污染物平均小时浓度达标率，按照超低排放限值考核的情况见附表 10。

我国 2018 年钢铁行业按照超低排放限值考核的平均小时浓度达标率中，烧结机头烟气排放口 PM_{10}、SO_2 和 NO_x 的小时浓度达标率分别为 35.03%、39.36%和 6.09%，因此未来超低排放改造要重点加强对 NO_x 的排放控制力度；烧结机尾 PM_{10} 的小时浓度达标率为 70.99%；球团焙烧 PM_{10}、SO_2 和 NO_x 的小时浓度达标率分别为 48.48%、39.75%和 82.10%。

2018 年，“2+26”城市钢铁行业按照超低排放限值考核的小时浓度达标率中，烧结机头烟气排放口 PM_{10}、SO_2 和 NO_x 的小时浓度达标率分别为 47.81%、51.44%和 9.40%；烧结机尾 PM_{10} 的小时浓度达标率为 96.57%；球团焙烧 PM_{10}、SO_2 和 NO_x 的小时浓度达标率分别为 63.07%、50.89%和 97.17%。

2018 年，汾渭平原钢铁行业按照超低排放限值考核的小时浓度达标率中，烧结机头烟气排放口 PM_{10}、SO_2 和 NO_x 的小时浓度达标率分别为 32.55%、41.11%和 7.41%。

2018 年，长三角地区钢铁行业按照超低排放限值考核的小时浓度达标率中，烧结机头烟气排放口 PM_{10}、SO_2 和 NO_x 的小时浓度达标率分别为 41.38%、47.23%和 5.83%；烧结机尾 PM_{10} 的小时浓度达标率为 63.99%；球团焙烧 PM_{10}、SO_2 和 NO_x 的小时浓度达标率分别为 24.59%、19.87%和 99.02%。

从重点区域烧结、球团工序达标情况看，三个区域烧结机尾整体达标情况较好，烧结机头 NO_x 达标情况较差，表明超低排放改造要重点加强对钢铁行业烧结机头 NO_x 的排放控制。对比三个重点区域排放现状，汾渭平原整体达标情况较差，主要由于汾渭平原在 2018 年《打赢蓝天保卫战三年行动计划》中首次被纳入大气污染防治重点区域，相较于“2+26”城市和长三角地区，汾渭平原仍然有较大的减排空间。而环保部在《京津冀及周边地区 2017 年大气污染防治工作方案》中提出将“2+26”城市作为《大气污染防治行动计划》重点管控对象，在长期管控下，2018 年“2+26”城市整体达标情况较好。

2.6　小结

本书收集整理了 2015—2018 年共计 1 004 个烧结机头、烧结机尾、球团焙烧 CEMS 排放口，分析了 2015—2018 年排放口浓度年均、月均变化，评估了新建排放标准、超低排放标准下的达标率情况，主要结论如下：

（1）2015—2018 年，我国主要工序大气污染物年均排放浓度、月均排放浓度基本保持下降趋势，与我国钢铁粗钢产量呈现相反的特征。截至 2018 年 12 月底，烧结机尾 PM_{10}、球团焙烧 PM_{10} 和球团焙烧 NO_x 月均浓度达到了超低排放标准。烧结机头排放 NO_x、球团焙烧排放 SO_2 达标率较低，应重点对烧结机头脱硝设施、球团焙烧脱硫设施进行改造。

（2）按照新建排放限值考核，我国 2015—2018 年钢铁行业烟气排放口（烧结机头、烧结机尾、球团焙烧）的各污染物小时浓度平均达标小时数较高，达标情况较好，且达标率总体呈逐年上升趋势。此外，东部地区各项污染物达标率高于其他地区。

（3）在“2+26”城市、汾渭平原、长三角等重点区域，钢铁行业超低排放改造进展较快，2018 年已经有一部分小时数能满足超低排放限值考核，且达标率总体高于全国平均水平。秋冬季期间（2017 年 10 月—2018 年 3 月），“2+26”城市（实施应急减排）主要工序污染物浓度下降幅度整体强于其他区域（未实施应急减排）秋冬季下降幅度。

第 3 章
我国钢铁行业大气排放清单模型研究

2012 年我国针对钢铁行业发布了多项污染物控制标准（GB 28662、GB 28664、GB 16171、GB 28663、GB 28665），推动了我国钢铁行业环保设施升级、污染物减排等工作；受经济下行等因素影响，2015 年我国粗钢产量首次下降（8.04 亿 t），2015 年 1 月 1 日起，现有钢铁企业执行新建标准，标准比 2012 年加严，进一步推动了钢铁行业排放浓度降低；2018 年 5 月，《钢铁企业超低排放改造工作方案（征求意见稿）》要求钢铁行业开始执行超低排放标准，部分钢铁企业开始超低排放改造，钢铁行业进入超低排放改造阶段。这些因素均造成 2012 年、2015 年和 2018 年我国钢铁企业污染物排放因子水平、活动水平发生了较大变化。因此，亟须建立一套能代表 2012 年（历史情景）、2015 年（新建标准执行情景）、2018 年（现状情景）和未来年的我国钢铁活动水平、排放水平的高分辨率大气排放清单，提高人为源排放清单的精度，降低空气质量模拟的不确定性，并为我国钢铁行业污染减排及环境空气影响预测提供基础数据和科学依据。

基于此，本章分别介绍了钢铁行业排放清单模型系统、2012 年钢铁行业大气排放清单、2015 年钢铁行业大气排放清单、2018 年钢铁行业大气排放清单和未来年（超低排放改造情景、产业结构调整情景）钢铁行业排放清单等。现有研究中关于高分辨率排放清单，从空间维度，网格大小主要在 1 km×1 km 或 2 km×2 km 等；从时间维度，可以表征日度/月度排放量时序变化情况。本书中排放清单研究成果，空间维度精确到具体企业经纬度，精确到单个点源，实现高空间分辨率。从时间维度，本书应用 CEMS 数据基于小时维度，核算各个月份以及全年排放清单，实现高时间分辨率。本书中开发的全国尺度高分辨率钢铁大气排放清单包括了企业的主要工序、活动水平、排放因子、空间位置、技术及规模等。本书基于 CEMS 数据计算了 2015 年和 2018 年钢铁行业主要工序主要污染物排放因子（SO_2、NO_x 和 PM_{10}），这为定量计算我国钢铁企业大气污染物排放提供了一种新的方法，对摸清我国钢铁企业大气排放底数具有重大意义。

3.1　我国钢铁行业排放清单模型系统

针对目前钢铁行业大气污染物清单编制和管理过程中存在的问题和需求，本书基于我国污染源连续自动监测系统（CEMS）数据和环境统计数据，通过数据清洗、算法设计、系统开发等，开发了一套快速更新我国钢铁大气排放清单的方法，建立基于工艺的我国钢铁行业排放清单管理系统，实现了钢铁行业不同口径大气排放数据的统一管理，为自下而上编制 2012 年、2015 年和 2018 年以及未来年我国钢铁行业大气污染源排放清单提供软件基础。

3.1.1　清单计算生成流程设计

本书的数据来自 CEMS 和环境统计等资料，具体工艺流程为焦炉、烧结、球团、高炉、转炉、电炉和轧钢等，污染因子为 SO_2、NO_x 和 PM_{10} 等。研究区域包括我国 31 个省、直辖市及自治区（香港、澳门以及台湾暂不考虑）。

由于原始数据的来源、格式、质量、字段均存在较大差异，原始数据无法直接用于钢铁排放清单的编制。针对上述问题，本书设计了系统开发的技术方案：（1）通过对不同口径排放数据（异构数据源）的调研和分析，提出排放清单数据的清洗处理方法，设计排放清单标准数据结构，并完成数据预处理；（2）根据标准数据结构，构建排放数据库，再经过数据库端算法开发，完成排放清单数据库的构建，为我国钢铁行业大气排放清单管理系统开发提供数据支撑；（3）基于排放清单数据库开发数据引擎和接口，实现清单数据的管理、运算和清单生成，构建数据管理模块、清单输出模块和可视化模块；（4）结合用户管理与权限分配功能开发，完成排放清单管理系统的开发工作，实现数据发布及数据接口功能。

清单数据计算流程见图 3-1。在综合考虑在线监测法、污染源调查法、排放因子法等方法优缺点的基础上，该系统首先以钢铁企业在线监测装置的长期浓度数据为基础，内置钢铁行业不同工艺排放参数的取值范围和统计指标，建立一套数据质量控制系统（质量保证/质量控制），对不同口径原始数据（CEMS 和环境统计）开展海量数据处理优化，剔除相关异常值；其次，系统根据环境统计数据、排放因子库、环境保护设施数据等，采用排放因子法计算，得到基于环境统计数据的钢铁行业大气排放数据表；最后，系统采用优选方案，对最终的清单结果进行优化整合。优选方案逻辑为：系统优先考虑污染源在线监测数据，其次采用排放因子法对无在线监测的企业进行补充计算。

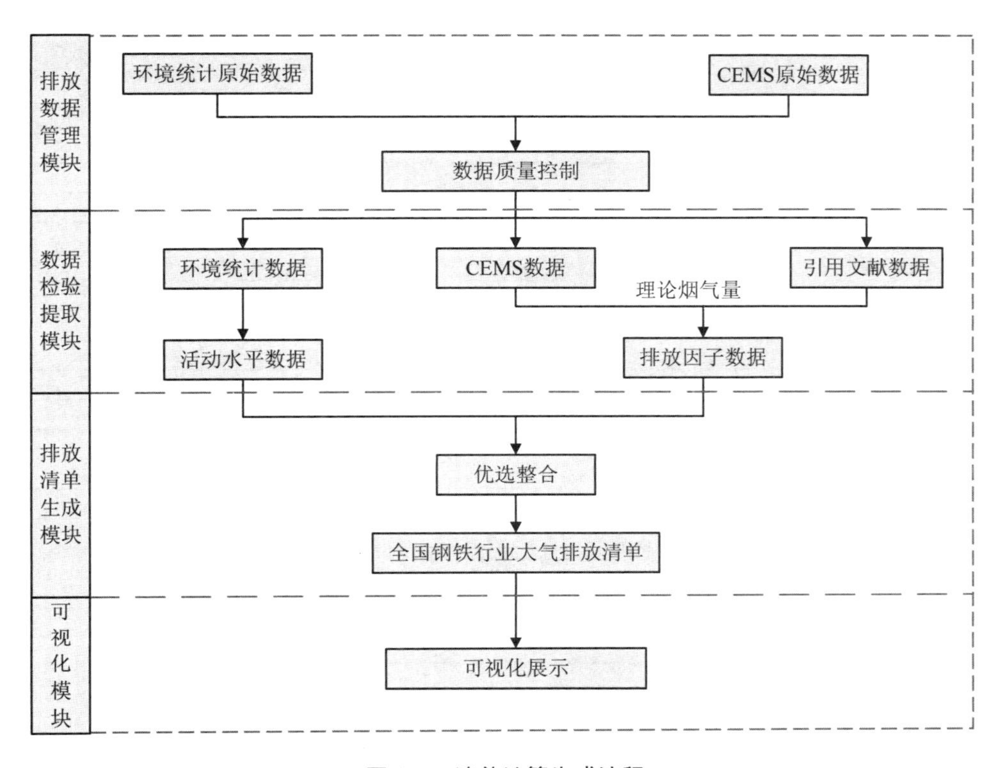

图 3-1　清单计算生成流程

系统具体功能模块包括：排放数据管理模块、数据检验提取模块、排放清单生成模块、可视化模块等。其中排放数据管理模块、数据检验提取模块、排放清单生成模块等采用 C/S 架构，便于线下操作；可视化模块采用 B/S 架构，便于线上展示。

3.1.2　排放数据管理模块

排放数据管理模块主要包括环境统计原始数据总览模块、CEMS 原始数据总览模块、环评原始数据总览模块、环评数据录入模块、环保设施数据总览模块等。

在原始数据总览模块中，用户可对导入的环境统计、环评、CEMS、环保设施等原始数据进行总览、查询、维护。在环评数据录入模块中，用户可录入、更新钢铁环评报告书中的排放数据信息等。环评录入模块具体字段包括：环评企业名称、建设状态、报告书编号、污染源排放口排口编号、污染源排放口排口名称、污染物浓度、污染物排放量、烟囱参数、产能产量、工序名称和环保设施等（见图 3-2）。

环评数据录入

文件(F) 编辑(E) 工具(T) 设置(S) 帮助(H)

页面设置 预览 打印 新建 提交 帮助 退出

建设状态 报告书编号 省份 行政区域代码
环评企业名称
最终企业名称
环统名称
污染源排放口排口编号
污染源排放口排口名称
污染源工艺类型 污染源工艺类型其他
脱硫
脱硫其他
脱硝
脱硝其他
除尘
除尘其他 SO_2 排放量
SO_2 浓度 SO_2 排放速率 NO_x 排放量 NO_x 浓度
NO_x 排放速率 PM_{10} 排放量 PM_{10}浓度 PM_{10} 排放速率
TSP排放量 TSP浓度 TSP排放速率 BC排放
CO排放 OC排放 $PM_{2.5}$ 排放量 VOC排放量
CO_2 排放量 直径 高度 烟囱根数 平均温度
平均流速 风量
焦炉规格
焦炭产量

全国钢铁行业大气排放清单管理系统 → 排放数据管理 → 环评数据录入

图 3-2 环评数据录入模块

3.1.3 数据检验提取模块

数据检验提取模块包括环境统计排放运算模型参数维护（排放因子）模块、环境统计原始数据检验模块、CEMS 原始数据检验模块、环评原始数据检验模块、环保设施数据检验模块和数据提取（第一步计算）模块等六大模块（见图 3-3）。环境统计排放运算模型参数维护（排放因子）模块：可更新、修正排放因子参数信息；环境统计、CEMS 等原始数据检验模块：可更新、修正钢铁原始排放信息（环境统计、CEMS 等）；环保设施数据检验模块：可更新、修正钢铁企业中环保设施信息（脱硫、脱硝、除尘等）；数据提取（第一步计算）模块：在完成对排放因子参数维护以及与对原始数据检验后，提取所有相关数据，为下一步的清单生成做准备。

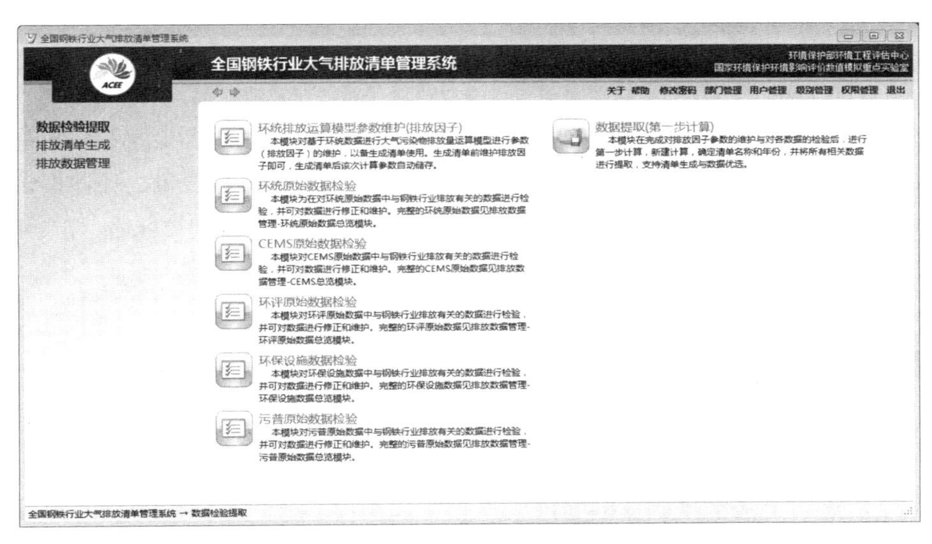

图 3-3　数据检验提取模块

3.1.4　排放清单生成模块

用户在完成第一步计算（数据提取）的基础上，开展清单数据的优选与生成，以企业为单位，对不同口径数据进行优选工作（剔除重复的排放口信息、质量较差的数据等），利用优选后的数据编制计算企业不同工序的最终排放量，并按用户需求，输出不同年份不同区域的钢铁企业名称、排口编号、工序、工艺、脱硫设备和污染物排放量等数据（见图 3-4）。

清单数据优选_第二步计算_

文件(F)　编辑(E)　工具(T)　设置(S)　帮助(H)

删除　保存　计算日期 2015-11-19　计算名称 zhongyan　清单年度 2012　帮助　退出　显示

计算日期	2015.11.19
计算名称	zhongyan
清单年度	2012
填报单位详细名称	公司

添加　删除

数据来源	排口编号	排口名称	工序	工艺	脱硫设备	SO_2 排放量(t/a)	NO_x 排放量
CEMS	203	265平米烧结机				671.28766999999993	208.28898
CEMS	204	265平米烧结机冷却				621.2276599999999	235.837780
环统			高炉	矿槽		0	0
环统			高炉	热风炉		96.507390000000015	723.843510
环统			高炉	出铁场		0	0
环统			转炉	铁水预处理		0	0
环统			转炉	转炉一次		0	0
环统			转炉	转炉二次		0	0
环统			转炉	地下料仓		0	0
环统			电炉	出钢+第四孔		0	0
环统			轧钢	加热炉		82.497627	449.983911
环统			烧结	燃料破碎		0	0
环统			烧结	配料		0	0
环统			烧结	机尾		0	0
环统			烧结	整粒及成品筛分		0	0
环统			烧结	机头(无脱硫)		9312.2655600000016	7760.22130

全国钢铁行业大气排放清单管理系统 → 排放清单生成 → 清单数据优选_第二步计算_　记录总数: 1103　当前记录: 4

图 3-4　清单数据优选模块

3.1.5 可视化模块

可视化模块具备数据可视化输出功能。用户可根据地理位置或者企业名称来查询钢铁企业的相关信息，具体可查询企业的名称、经纬度、地址、清单排放量、环评报告书、环境统计信息和在线监测信息等，并对排放污染物、清单年份、地理尺度（省、市、网格等）的数据进行多方式输出。

3.2 基于工序的我国高分辨率钢铁行业大气排放清单模型

以 2012 年、2015 年和 2018 年的生态环境部环境统计数据为活动水平基础，从生产工艺入手，分别建立了基于排放标准的排放因子库（2012 年）、基于 CEMS 的排放因子库（2015 年和 2018 年），按照自下而上的方法，建立了 2012 年（历史情景）、2015 年（新建标准执行情景）、2018 年（现状情景）我国高时空分辨率钢铁排放清单，清单包括 9 种污染物（SO_2、NO_x、PM_{10}、$PM_{2.5}$、CO、VOCs、BC、OC、EC）。

3.2.1 活动水平

活动水平数据主要来源为 2012 年、2015 年和 2018 年生态环境部环境统计数据，研究区域包括我国 30 个省、自治区及直辖市（香港、澳门、台湾、西藏暂不考虑，2018 年海南省暂无钢铁企业相关数据）。2012 年、2015 年、2018 年钢铁企业分布情况分别见附图 4 至附图 6。从图中可以看出，河北、江苏、山东、辽宁等省份钢铁企业较为集中，呈现出“北重南轻”和“东多西少”的特点。从产量来看，1 000 万 t 粗钢产量以下的钢铁企业数量较多。从流程来看，长流程钢铁企业数量较多。

2012 年粗钢产量小于 100 万 t（小型）的钢铁企业有 865 家，粗钢总产量为 5 650.134 万 t；粗钢产量 100 万～1 000 万 t（中型）的钢铁企业有 187 家，粗钢总产量为 52 610.505 万 t；粗钢产量大于 1 000 万 t（大型）的钢铁企业有 6 家，粗钢总产量为 8 753.697 万 t。2015 年粗钢产量小于 100 万 t 的钢铁企业有 734 家，粗钢总产量为 4 588.910 万 t；粗钢产量 100 万～1 000 万 t 的钢铁企业有 193 家，粗钢总产量为 56 192.978 万 t；粗钢产量大于 1 000 万 t 的钢铁企业有 10 家，粗钢总产量为 13 863.511 万 t。2018 年粗钢产量小于 100 万 t 的钢铁企业有 769 家，粗钢总产量为 4 565.704 万 t；粗钢产量 100 万～1 000 万 t 的钢铁企业有 217 家，粗钢总产量为 71 275.371 万 t；粗钢产量大于 1 000 万 t 的钢铁企业有 10 家，粗钢总产量为 13 648.841 万 t。

截至 2018 年，本书共涉及全国 996 家钢铁企业，纳入分析的钢铁企业粗钢产量为 8.95 亿 t，占全国粗钢产量的 96.43%（全国粗钢产量数据来源于国家统计局）；涉及的工艺包括焦炉、烧结、球团、高炉、转炉、电炉、热轧和冷轧等。本书基于我国钢铁行业特性，设置我国钢铁企业铁钢产量比为 1∶1（即每消耗 1 t 生铁产生 1 t 粗钢），并结合环境统计粗钢产量数据，折算我国转炉钢、电炉钢产量，最终计算我国转炉钢、电炉钢比例约为 10.12∶1。

企业位置信息来源于生态环境部的环境统计数据等，为保证空间信息的准确性，采用地址坐标识别技术（Baidu Map API）方法，结合卫星遥感数据和人工目视检验，对企业主要工序的空间位置信息逐个校核。

根据我国各省粗钢月产量信息，建立各省钢铁行业排放月变化廓线（时间谱）$T_{i,m}$。[由于 CEMS 烟气量存在不确定性，因此不考虑在线监测数据信息，分工序建立钢铁排放源的月变化廓线（时间谱）。]

$$T_{i,m} = \frac{F_{i,m}}{\sum_{m=1}^{12} F_{i,m}} \quad i = 1,2,\cdots,30 \tag{3-1}$$

式中：$T_{i,m}$——i 省 m 月时间谱；

$F_{i,m}$——i 省 m 月的粗钢产量；

m——月份；

i——省份。

3.2.2 基于排放标准的 SO_2、NO_x 和 PM_{10} 排放因子（2012 年）

由于 2012 年我国对 CEMS 数据的数据传输、考核、管理等没有严格的规定，CEMS 数据质量存在着不确定性，可靠性较差。因此，本书中排放因子计算不采用 2012 年钢铁企业的 CEMS 数据。SO_2、NO_x 和 PM_{10} 排放因子主要根据不同工序排放标准来分级，以体现 2012 年不同环保水平、不同管理水平的钢铁企业排放差异。同时，为提高清单的精确性，依据产品产量、设备规模、环保治理设施，将各工序污染源进行分级，不同规模不同工艺的理论烟气量见附表 11。

（1）污染源分级

烧结机头、球团焙烧按照有无脱硫脱硝设施进行分级，烧结其他污染源、高炉、转炉、电炉按照设备规模进行分级，球团其他污染源及焦化按照产能规模进行分级。规模较大、产能较高、治理技术较好的污染源归为一级，规模较小、产能较低、治理技术较差的污染源归为三级，其余污染源归为二级。各工序污染源分级结果见表 3-1。2012 年，钢铁设备规模分级标准参考《产业结构调整指导目录（2011 年本）》，钢铁烧结机、球团脱硫信息来自《关于公布全国燃煤机组脱硫脱硝设施等重点大气污染减排工程名单的公告》，涉及钢铁烧结机脱硫设施 389 台，烧结机总面积 6.32 万 m^2，钢铁球团脱硫设施 44 台，球团年生产能力 1 461 万 t。

表 3-1 不同规模不同工艺的污染物排放因子 单位：kg/t

工序	工艺	分级	分级标准	SO_2	NO_x	PM_{10}
焦化	备煤	一级	产能≥100 万 t/a	—	—	0.009
		二级	100 万 t/a>产能≥60 万 t/a	—	—	0.018
		三级	60 万 t/a>产能	—	—	0.030
	装煤	一级	产能≥100 万 t/a	0.039	—	0.017
		二级	100 万 t/a>产能≥60 万 t/a	0.052	—	0.026
		三级	60 万 t/a>产能	0.079	—	0.053
	推焦	一级	每组产能≥100 万 t/a	0.050	—	0.050
		二级	100 万 t/a>每组产能≥60 万 t/a	0.081	—	0.081
		三级	每组产能<60 万 t/a	0.162	—	0.162
	焦炉烟囱	一级	每组产能≥100 万 t/a	0.294	0.736	0.022
		二级	100 万 t/a>每组产能≥60 万 t/a	1.549	0.774	0.023
		三级	每组产能<60 万 t/a	1.549	0.774	0.023
	熄焦（干法）	一级	干熄焦炉≥100 万 t/a	0.093	—	0.046
		二级	100 万 t/a>干熄焦炉≥60 万 t/a	0.093	—	0.046
		三级	干熄焦炉<60 万 t/a	0.093	—	0.046
球团	焙烧	一级	有脱硫（干法）	0.550	0.825	0.110
		一级	有脱硫（湿法）	0.613	0.719	0.123
		二级	无脱硫	1.981	0.990	0.165
	整粒	一级	产能≥120 万 t/a	—	—	0.058
		二级	120 万 t/a>产能≥60 万 t/a	—	—	0.101
		三级	60 万 t/a>产能	—	—	0.156
	配料	一级	产能≥120 万 t/a	—	—	0.327
		二级	120 万 t/a>产能≥60 万 t/a	—	—	0.566
		三级	60 万 t/a>产能	—	—	0.906
烧结	燃料破碎	一级	规格≥180 m^2	—	—	0.001
		二级	180 m^2>规格≥90 m^2	—	—	0.002
		三级	90 m^2>规格	—	—	0.004
	配料	一级	规格≥180 m^2	—	—	0.011
		二级	180 m^2>规格≥90 m^2	—	—	0.017
		三级	90 m^2>规格	—	—	0.032
	机头	一级	有脱硫、有脱硝（干法）	0.244	0.407	0.054
		一级	有脱硫、有脱硝（湿法）	0.272	0.453	0.060
		二级	有脱硫、无脱硝（干法）	0.549	1.372	0.137
		二级	有脱硫、无脱硝（湿法）	0.611	1.527	0.153
	机尾	三级	无脱硫	1.646	1.372	0.219
		一级	规格≥180 m^2	—	—	0.066
		二级	180 m^2>规格≥90 m^2	—	—	0.106

工序	工艺	分级	分级标准	SO_2	NO_x	PM_{10}
烧结	整粒及成品筛分	一级	规格≥180 m^2	—	—	0.022
		二级	180 m^2>规格≥90 m^2	—	—	0.035
		三级	90 m^2>规格	—	—	0.044
高炉	矿槽	一级	规格≥1 200 m^3	—	—	0.035
		二级	1 200 m^3>规格≥400 m^3	—	—	0.086
		三级	400 m^3>规格	—	—	0.172
	热风炉	一级	规格≥1200 m^3	0.025	0.190	0.013
		二级	1 200 m^3>规格≥400 m^3	0.031	0.236	0.016
		三级	400 m^3>规格	0.040	0.300	0.020
	出铁场	一级	规格≥1 200 m^3	—	—	0.029
		二级	1 200 m^3>规格≥400 m^3	—	—	0.049
		三级	400 m^3>规格	—	—	0.121
电炉	出钢+第四孔	一级	规格≥100 t	—	—	0.179
		二级	100 t>规格≥30 t	—	—	0.270
		三级	30 t>规格	—	—	0.703
	加热炉	一级		0.024	0.130	0.004
转炉	铁水预处理	一级	规格≥100 t	—	—	0.015
		二级	100 t>规格≥30 t	—	—	0.022
		三级	30 t>规格	—	—	0.037
	转炉一次	一级	规格≥100 t	—	—	0.063
		二级	100 t>规格≥30 t	—	—	0.066
		三级	30 t>规格	—	—	0.058
	转炉二次	一级	规格≥100 t	—	—	0.029
		二级	100 t>规格≥30 t	—	—	0.040
		三级	30 t>规格	—	—	0.091
	地下料仓	一级	规格≥100 t	—	—	0.010
		二级	100 t>规格≥30 t	—	—	0.013
		三级	30 t>规格	—	—	0.024

（2）排放因子库的建立

根据浓度、排气量和设备规模对应的产量数据，计算各工序不同规模污染物的排放因子。其中，浓度值选自相关国家标准（GB 28662—2012、GB 28663—2012、GB 28664—2012、GB 28665—2012、GB 16171—2012）中的现有、新建和特排限值，三级对应“现有”浓度限值，二级对应“新建”浓度限值，一级对应“特排”浓度限值；不同规模的风量采用企业的调研及类比数据，并根据烟气出口工况温度，折算各规模标况下的出口风量。

3.2.3 基于 CEMS 的 SO_2、NO_x 和 PM_{10} 排放因子（2015 年和 2018 年）

CEMS 数据主要来源为生态环境部生态环境执法局的 CEMS 数据库。截至 2018 年年底，我国钢铁行业的 CEMS 数据覆盖了 433 个钢铁企业的 3 999 个排放口。钢铁行业不同工序 SO_2、NO_x 和 PM_{10} 排放因子，主要是基于 CEMS 数据来计算各省的排放因子（见表 3-2 至表 3-4）。2015 年基于 CEMS 的污染物排放因子见附表 12 至附表 14。

表 3-2 2018 年基于 CEMS 的烧结、球团的污染物排放因子 单位：kg/t

省（区、市）	排放因子						
	烧结机头			烧结机尾	球团焙烧		
	PM_{10}	SO_2	NO_x	PM_{10}	PM_{10}	SO_2	NO_x
上海	0.03	0.014	0.228	—	—	—	—
贵州	0.069	0.045	0.535	0.024	—	—	—
福建	0.029	0.098	0.503	0.013	0.036	0.236	0.047
河北	0.033	0.105	0.403	0.006	0.024	0.098	0.051
天津	0.027	0.109	0.461	0.007	0.009	0.061	0.122
浙江	0.037	0.111	0.362	0.007	0.015	0.083	0.035
山东	0.018	0.116	0.529	0.007	0.016	0.079	0.112
山西	0.037	0.126	0.358	0.01	0.018	0.137	0.028
安徽	0.034	0.138	0.492	0.007	0.038	0.155	0.027
陕西	0.05	0.138	0.5	0.004	0.023	0.108	0.11
黑龙江	0.035	0.141	0.331	0.01	0.053	0.168	0.025
江苏	0.037	0.143	0.477	0.008	0.032	0.097	0.036
河南	0.045	0.155	0.485	0.01	0.033	0.15	0.095
吉林	0.043	0.162	0.384	0.02	0.028	0.206	0.138
广东	0.049	0.164	0.494	0.018	0.020	0.006	0.349
云南	0.061	0.167	0.51	0.016	0.036	0.125	0.294
甘肃	0.059	0.168	0.337	0.015	0.023	0.225	0.057
江西	0.062	0.173	0.532	0.011	0.051	0.165	0.071
辽宁	0.053	0.196	0.429	0.01	0.024	0.175	0.15
湖南	0.059	0.2	0.415	0.017	0.054	0.077	0.252
湖北	0.046	0.216	0.541	0.014	0.043	0.268	0.252
新疆	0.034	0.23	0.359	0.009	0.043	0.192	0.164
重庆	0.058	0.266	0.394	—	—	—	—
四川	0.059	0.276	0.398	0.014	0.066	0.211	0.16
内蒙古	0.053	0.287	0.396	0.015	—	—	—
广西	0.063	0.679	0.554	—	0.045	0.141	0.124
全国①	0.039	0.153	0.435	0.009	0.028	0.122	0.083

注：①全国的数据暂不包括香港、澳门、台湾数据，全书同。

表 3-3　2018 年基于 CEMS 的焦化、高炉出铁场、高炉热风炉的污染物排放因子　单位：kg/t

省（区、市）	排放因子						
	焦化			高炉出铁场	高炉热风炉		
	PM_{10}	SO_2	NO_x	PM_{10}	PM_{10}	SO_2	NO_x
上海	—	—	—	—	—	—	—
贵州	—	—	—	—	—	—	—
福建	—	—	—	0.026	—	—	—
河北	0.012	0.021	0.225	0.013	0.006	0.023	0.013
天津	—	—	—	0.014	0.002	0.057	0.06
浙江	0.019	0.044	0.515	0.017	—	—	—
山东	0.02	0.041	0.445	0.017	0.009	0.063	0.013
山西	0.02	0.042	0.295	0.018	0.005	0.028	0.031
安徽	—	—	—	0.022	—	—	—
陕西	—	—	—	—	0.006	0.069	0.05
黑龙江	—	—	—	0.015	—	—	—
江苏	0.014	0.028	0.328	0.016	0.007	0.054	0.055
河南	0.014	0.009	0.14	0.021	0.011	0.039	—
吉林	0.023	0.029	0.479	0.022	—	—	—
广东	0.004	0.014	0.162	0.009	—	—	—
云南	—	—	—	0.033	0.009	0.029	0.035
甘肃	0.012	0.055	0.027	0.017	—	—	—
江西	0.016	0.043	0.318	0.024	—	—	—
辽宁	0.027	0.033	0.335	0.02	—	—	—
湖南	0.009	0.015	0.025	0.033	—	—	—
湖北	—	—	—	—	0.008	0.037	0.007
新疆	0.026	0.077	0.724	0.014	0.006	0.04	0.037
重庆	—	—	—	—	0.003	0.032	0.099
四川	0.036	0.079	0.355	0.028	—	—	—
内蒙古	0.022	0.048	0.518	0.019	—	—	—
广西	0.011	0.072	0.404	—	0.014	0.065	0.023
全国	0.018	0.036	0.319	0.017	0.006	0.04	0.037

2014 年 8 月，环境保护部发布了《关于 2014 年上半年污染源自动监控数据传输有效率考核工作的通报》（http：//www.envsc.cn/details/index/391），其中附件《钢铁行业应实施自动监控系统的主要大气污染源点位清单》明确规定了焦炉烟囱、烧结机头、烧结机尾、球团焙烧、高炉出铁场、转炉二次以及电炉应安装 CEMS，应监测的污染物为 SO_2、NO_x 和 PM_{10}。通过分析 CEMS 数据库发现，除了上述工序，一些钢铁企业还在电炉、轧钢热处理炉和高炉热风炉等工序安装了 CEMS。因此，SO_2、NO_x 和 PM_{10} 的 CEMS 排放因子综

合考虑了焦炉烟囱、烧结机头、烧结机尾、球团焙烧、高炉出铁场、高炉热风炉、转炉二次、电炉以及轧钢热处理炉工序（见表 3-4）。

表 3-4 2018 年基于 CEMS 的转炉二次、电炉、轧钢热处理炉的污染物排放因子 单位：kg/t

省（区、市）	排放因子				
	转炉二次	电炉	轧钢热处理炉		
	PM_{10}	PM_{10}	PM_{10}	SO_2	NO_x
上海	—	—	—	—	—
贵州	—	0.011	—	—	—
福建	0.016	0.003	—	—	—
河北	0.008	0.004	0.005	0.044	0.063
天津	0.007	0.006	0.005	0.005	0.118
浙江	—	—	—	—	—
山东	0.011	—	0.006	0.012	0.105
山西	0.009		0.005	0.053	0.135
安徽	0.012	—	—	—	—
陕西	—		0.007	0.039	0.173
黑龙江	—		0.002	0.012	0.128
江苏	0.006	0.002	0.002	0.045	0.069
河南	0.013	0.009	0.013	0.075	0.072
吉林	0.013	—	—	—	—
广东	—	—	—	—	—
云南	0.018	—	—	—	—
甘肃		0.017	—	—	—
江西	0.013	—	—	—	—
辽宁	0.015	—	—	—	—
湖南	—	0.013	—	—	—
湖北	—	0.009	—	—	—
新疆	0.01	0.017	0.007	0.046	0.028
重庆	—	—	—	—	—
四川	0.013	—	—	—	—
内蒙古	—	—	—	—	—
广西	—	—	—	—	—
全国	0.01	0.01	0.005	0.03	0.104

根据经过质量控制的 CEMS 数据［参考《国家监控企业污染源自动监测数据有效性审核办法》《国家重点监控企业污染源自动监测设备监督考核规程》《固定污染源烟气（SO_2、NO_x、颗粒物）排放连续监测技术规范》（HJ 75—2017）等］，计算出全国每个安装 CEMS 设备的焦炉、烧结机头、烧结机尾、球团焙烧、高炉热风炉、高炉出铁场、转炉二次、电

炉和轧钢热处理炉的 SO_2、NO_x 和 PM_{10} 年均浓度，再根据各个工序的理论烟气量，计算每个 CEMS 排放口排放因子，并获得每个省的平均排放因子。缺少 CEMS 数据的省份的污染物排放因子用全国平均数据代替。按照国家要求，不需要安装 CEMS 设备的其他工序排放口（如烧结破碎、配料等），根据国家排放标准的新建标准取浓度值（GB 28662—2012、GB 28663—2012、GB 28664—2012、GB 28665—2012、GB 16171—2012 等），其中河北、山东是根据当地省份执行的地方排放标准取浓度值。根据理论烟气量和各省浓度值，折算各省其他工序排放口的排放因子［见式（3-2）］。结果见表 3-5（2015 年标准折算排放因子同表 3-5）、图 3-5 至图 3-10。

$$\mathrm{EF}_{n,s,i,r} = C_{n,s,i,r} V_i$$

$$C_{\mathrm{AVG},s,m} = \sum_h C_{s,m,h} / \mathrm{Oph}_m \tag{3-2}$$

式中：EF——排放因子，g/kg 产品；

C_{AVG}——排放浓度统计均值，mg/m^3；

C——排放浓度，mg/m^3；

V——理论烟气量，m^3/t 产品；

s——不同污染物；

i——不同工序；

r——不同排放源；

n——不同省份；

m——不同排放口；

h——第 h 个运行小时；

Oph——纳入分析的监测小时数。

表 3-5　2018 年分工序污染物标准折算排放因子　　单位：kg/t

工序	工艺	标准	排放因子		
			SO_2	NO_x	PM_{10}
烧结	燃料破碎	全国	—	—	0.039
		山东	—	—	0.026
		河北	—	—	0.039
	配料	全国	—	—	0.033
		山东	—	—	0.022
		河北	—	—	0.033
	整粒及成品筛分	全国	—	—	0.015
		山东	—	—	0.010
		河北	—	—	0.015

工序	工艺	标准	排放因子		
			SO_2	NO_x	PM_{10}
高炉	矿槽	全国	—	—	0.081
		山东	—	—	0.065
		河北	—	—	0.081
转炉	铁水预处理	全国	—	—	0.01
		山东	—	—	0.01
		河北	—	—	0.01
	转炉一次	全国	—	—	0.003
		山东	—	—	0.003
		河北	—	—	0.003
	地下料仓	全国	—	—	0.01
		山东	—	—	0.01
		河北	—	—	0.01
电炉	出钢	全国	—	—	0.022
		山东	—	—	0.022
		河北	—	—	0.022
焦化	备煤	全国	—	—	0.02
	装煤	山东	0.036	—	0.018
	推焦	河北	0.034 5	—	0.035
	熄焦（干法）	全国	0.075	—	0.038
球团	整粒	山东	—	—	0.015
		河北	—	—	0.01
		全国	—	—	0.015
	配料	山东	—	—	0.033
		河北	—	—	0.022
		全国	—	—	0.033

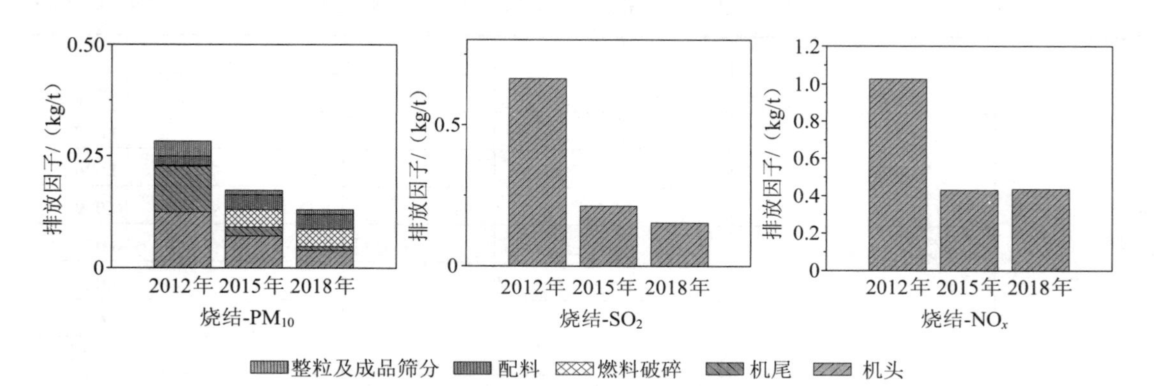

图 3-5 2012 年、2015 年和 2018 年钢铁烧结工序污染物排放因子对比

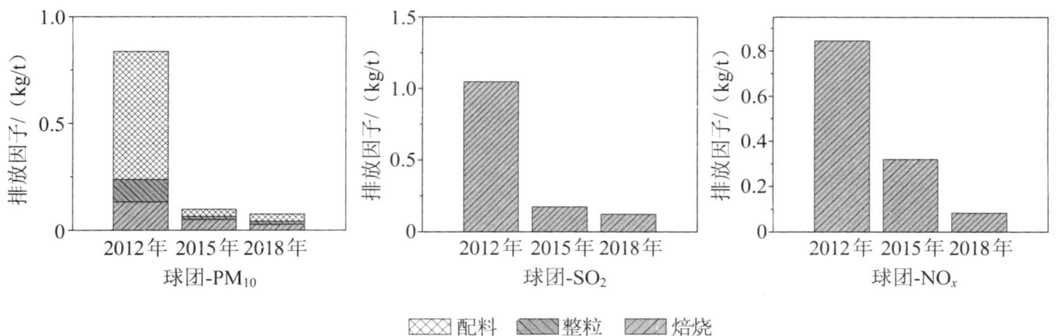

图 3-6　2012 年、2015 年和 2018 年钢铁球团工序污染物排放因子对比

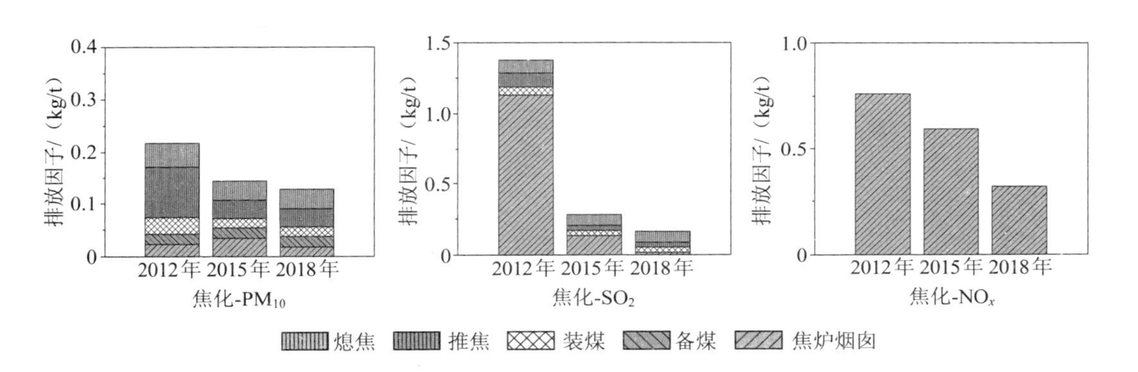

图 3-7　2012 年、2015 年和 2018 年钢铁焦化工序污染物排放因子对比

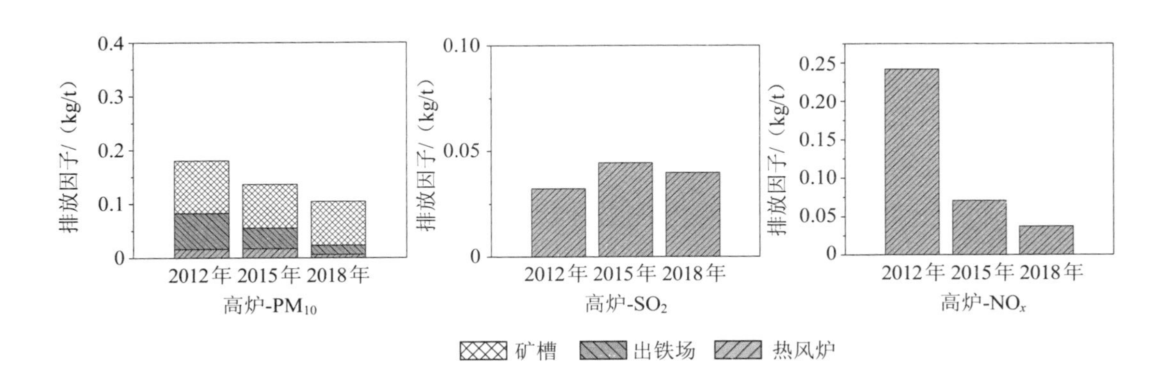

图 3-8　2012 年、2015 年和 2018 年钢铁高炉工序污染物排放因子对比

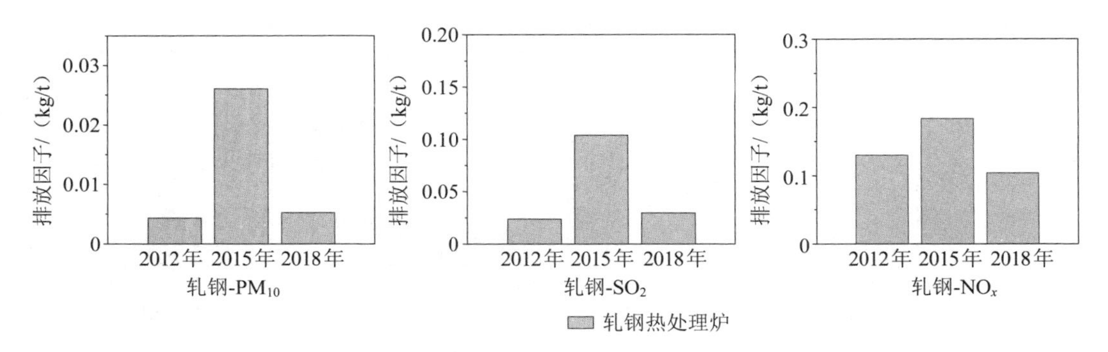

图 3-9 2012 年、2015 年和 2018 年钢铁轧钢工序污染物排放因子对比

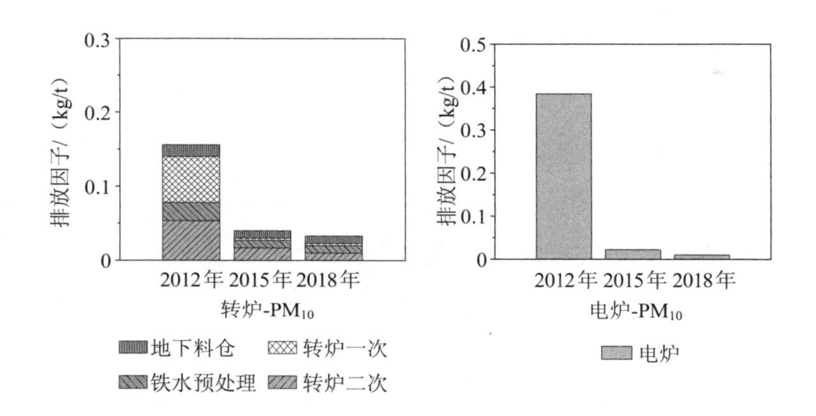

图 3-10 2012 年、2015 年和 2018 年钢铁转炉、电炉工序污染物排放因子对比

通过对比图表中 2012 年、2015 年和 2018 年各主要工序节点排放因子，发现三种污染物排放因子整体呈现下降趋势，这表明标准政策的加严能有效促进我国钢铁行业污染物排放水平下降。针对不同的工序，政策管控下的减排效果不同。例如，2015—2018 年，电炉、轧钢和焦化工序的三种污染物排放因子的平均下降幅度最大，分别为 78.59%、64.94%和 59.99%。一方面是由于近年来电炉钢生产的逐步增多，对电炉生产工序的控制逐步加强；另一方面，我国对轧钢和焦化工序的管控力度也逐步加严，相比于现有企业排放标准，自 2015 年起我国新建企业排放标准对轧钢和焦化工序加严 29.21%和 42.5%，2019 年超低排放标准限值进一步收紧 50.00%和 58.89%。

此外，针对不同区域排放因子数据进行区分，结果发现其排放水平也存在差异。以烧结机头工序为例，2018 年广西、四川和贵州等西部欠发达地区烧结机头三种污染物排放因子整体高于其他地区，这主要与该地区排放控制水平较低、燃料质量较差等因素相关。另外，从 2015 年到 2018 年排放因子的下降百分比看，各个省份呈现明显差异，特别是对于山东和河北等重点控制区域，其 2018 年烧结机头 PM_{10} 排放因子比 2015 年分别下降 81.49%

和 48.31%，远高于全国均值水平 45.32%。主要原因在于近年来我国对山东和河北等地区进行了重点管控。

3.2.4　其他污染物排放因子

其他污染物指 BC、OC、EC、VOCs 和 CO。$PM_{2.5}$ 的排放量主要根据 PM_{10} 的排放量以及 PM_{10} 中 $PM_{2.5}$ 的质量百分含量计算，PM_{10} 中 $PM_{2.5}$ 的质量百分含量来源于文献调研（见表 3-6）。通过国内外文献及参考资料调研，综合国内外的研究成果，获取钢铁行业各工序特征污染物排放因子（BC、OC、EC、VOCs 和 CO）。相关排放因子见表 3-7。

表 3-6　$PM_{2.5}$ 占 PM_{10} 的比重　单位：%

<table>
<tr><th colspan="2">焦化</th><th colspan="2">烧结</th><th>球团</th><th colspan="2">高炉</th><th colspan="2">转炉</th><th>电炉</th><th>轧钢</th></tr>
<tr><td>干熄焦</td><td>30.46</td><td>机头</td><td>56.07</td><td rowspan="4">43.37</td><td>出铁场</td><td>62.94</td><td>倒灌及预处理</td><td>45.06</td><td rowspan="4">74.14</td><td rowspan="4">62.51</td></tr>
<tr><td>筛分机转运、备煤</td><td>37.78</td><td>机尾</td><td>51.11</td><td>高炉矿槽</td><td>15.27</td><td>转炉二次烟气</td><td>56.68</td></tr>
<tr><td>装煤及推焦</td><td>40.97</td><td>配料</td><td>36.62</td><td>其他</td><td>62.51</td><td>转炉一次烟气</td><td>71.43</td></tr>
<tr><td>焦炉烟囱</td><td>40.97</td><td>成品整粒</td><td>38.63</td><td>—</td><td>—</td><td>地下料仓</td><td>71.43</td></tr>
</table>

表 3-7　2012 年、2015 年和 2018 年不同工艺产污环节的污染物排放因子
（BC、OC、EC 为 $PM_{2.5}$ 中的百分含量）

污染物		VOCs/（kg/t）	CO/（kg/t）	BC/%	OC/%	EC/%
焦化	2012 年	2.96	1.6	30	35	—
	2015 年	2.96	1.6	30	35	—
	2018 年	2.96	1.6	30	35	—
烧结	2012 年	0.25	22	1	2.2	0.4
	2015 年	0.25	16	1	2.2	0.4
	2018 年	0.25	16	1	2.2	0.4
球团	2012 年	0.25	0.064	1	2.2	0.4
	2015 年	0.25	0.064	1	2.2	0.4
	2018 年	0.25	0.064	1	2.2	0.4
高炉	2012 年	—	22.3	10	6.2	0.8
	2015 年	—	15.29	10	6.2	0.8
	2018 年	—	15.29	10	6.2	0.8

污染物		VOCs/（kg/t）	CO/（kg/t）	BC/%	OC/%	EC/%
转炉	2012 年	0.06	35.2	1.175	8.8	0.7
	2015 年	0.06	8.75	1.175	8.8	0.7
	2018 年	0.06	8.75	1.175	8.8	0.7
电炉	2012 年	0.1	9	14.19	8.8	0.7
	2015 年	0.06	9	14.19	8.8	0.7
	2018 年	0.06	9	14.19	8.8	0.7
热轧	2012 年	0.3	1.28	1.175	8.8	0.7
	2015 年	0.3	1.28	1.175	8.8	0.7
	2018 年	0.3	1.28	1.175	8.8	0.7
冷轧	2012 年	0.062	—	—	—	—
	2015 年	0.062	—	—	—	—
	2018 年	0.062	—	—	—	—

3.2.5　排放量计算

根据 2012 年、2015 年和 2018 年环境统计数据的活动水平和对应年的排放因子，按照自下而上的方法，根据式（3-3），分别计算 2012 年、2015 年和 2018 年我国钢铁企业各工序污染物的排放量。

通过排放因子库各工序环节污染物排放因子，结合焦化、烧结、高炉、转炉、电炉和轧钢等工序的产量、规模等信息，按照自下而上的方法，计算得到各家企业各工序污染源的排放信息。清单建立方法，受研究尺度的需求和精度的影响，估算方式也有所差异，既有从单个排放源或排放企业排放量表征着手的“自下而上”的方式，也有从某一类源或行业统计数据着手的“自上而下”的方式。“自上而下”的方式基本可以把握清单的总体状况，但精度不高。由于本书直接涉及具体的控制措施、政策和技术，清单要求的精度更高，因而采用“自下而上”的清单核算方式。排放量计算基本公式如下：

$$E_s = \sum_r \sum_n \mathrm{AC}_i \mathrm{EF}_{n,s,i,r} \tag{3-3}$$

式中：E——排放量，t/a；

EF——排放因子，g/kg 产品；

AC——环境统计产品产量，t/a；

s——不同污染物；

i——不同工序；

r——不同排放源；

n——不同省份。

3.2.6　我国钢铁行业大气污染物排放分析

（1）年变化分析

2012 年我国钢铁行业 SO_2、NO_x、PM_{10}、$PM_{2.5}$、VOCs、CO、BC、OC 和 EC 排放量分别为 158.66 万 t、184.26 万 t、68.20 万 t、33.86 万 t、81.79 万 t、5 756.56 万 t、1.08 万 t、1.59 万 t 和 0.17 万 t。2015 年我国钢铁行业 SO_2、NO_x、PM_{10}、$PM_{2.5}$、VOCs、CO、BC、OC 和 EC 排放量分别为 37.48 万 t、72.05 万 t、33.48 万 t、15.03 万 t、84.29 万 t、3 478.85 万 t、0.64 万 t、0.83 万 t 和 0.08 万 t。2018 年我国钢铁行业 SO_2、NO_x、PM_{10}、$PM_{2.5}$、VOCs、CO、BC、OC 和 EC 排放量分别为 29.02 万 t、66.57 万 t、28.73 万 t、11.69 万 t、89.21 万 t、4 057.49 万 t、0.45 万 t、0.61 万 t 和 0.06 万 t。

从图 3-11 可以看出，2012 年、2015 年和 2018 年 SO_2、NO_x 和 PM（PM_{10}、$PM_{2.5}$、BC、OC、EC）排放量逐年降低（原因是我国环保政策逐年加严，造成常规污染物排放因子下降），尤其是 2015 年钢铁行业新建排放标准执行后，我国钢铁企业大气污染物减排力度（脱硫除尘等）加强，安装脱硫设施的钢铁烧结机面积由 2.9 万 m^2 增加到 13.8 万 m^2，安装率由 19%增加到 88%。2012 年、2015 年和 2018 年 VOCs 排放量逐年上升（没有特别的控制）。与 2012 年相比，2015 年 CO 排放量下降；与 2015 年相比，2018 年 CO 排放量上升，主要由于 2018 年活动水平大幅上升。

粗钢产量 100 万～1 000 万 t（中型）的钢铁企业各项大气污染物排放总量最大，其次是粗钢产量小于 100 万 t（小型）的钢铁企业，粗钢产量不小于 1 000 万 t（大型）的钢铁企业排放量最小。截至 2018 年年底，中型钢铁企业排放总量大，这主要是与其粗钢产量有关系，值得注意的是，小型钢铁企业的数量最多（769 家），产量最小（4 566 万 t），但是小型钢铁企业排放量高于大型钢铁企业，大型钢铁企业数量少（10 家）但产量高（13 649 万 t）。另外，本书发现，就 2018 年情景而言，大型钢铁企业多分布于河北、山东和江苏等管控严格的东部、北部地区；而小型钢铁企业 27.15%的粗钢产量均来自四川、重庆和甘肃等欠发达的西南、西北部地区，这说明小型钢铁企业中存在部分高耗能、高排放、高污染、低产能的落后企业，增加了小型企业排放绩效水平。进一步表明，钢铁企业大型化、严管控可进一步推动我国钢铁行业大气污染物减排。

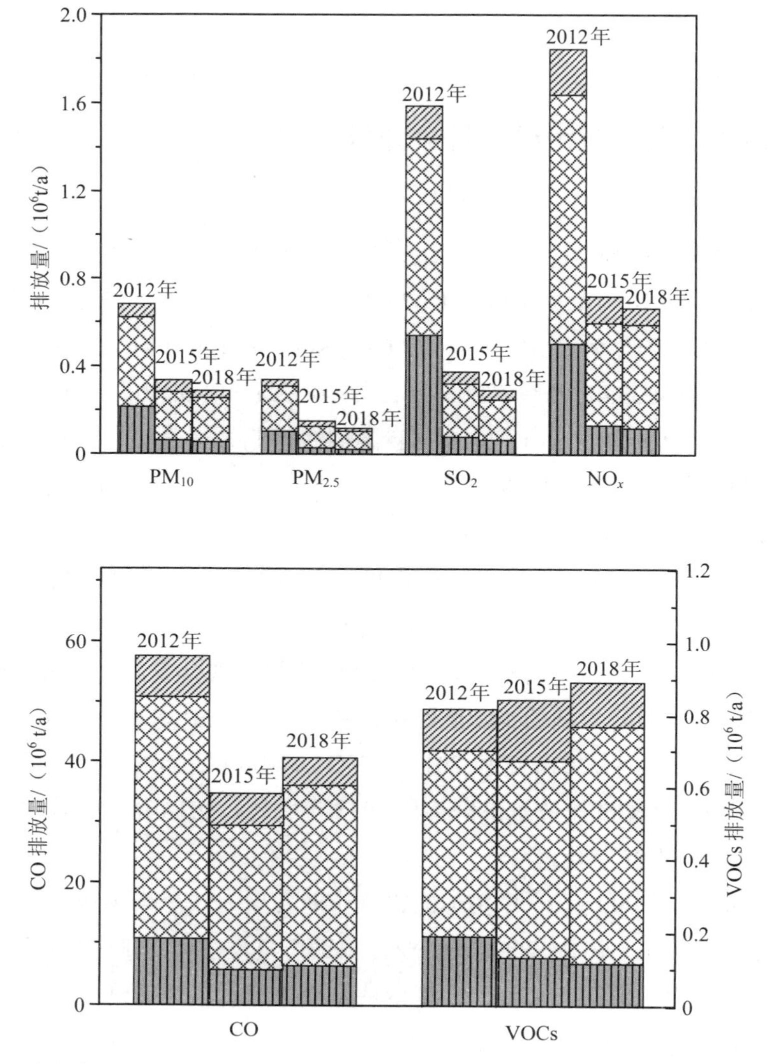

图 3-11　2012 年、2015 年和 2018 年我国钢铁行业各污染物排放量

（2）空间分析

2018 年我国各省（区、市）钢铁企业排放见图 3-12，2012 年、2015 年和 2018 年我国各省（区、市）钢铁企业排放和空间分布情况分别见附图 7、附图 8 和附图 9。可以看出，历年来河北省是我国钢铁企业各项大气污染物排放最高的省份，这与河北省粗钢产能产量大、企业数量多是吻合的。截至 2018 年年底，SO_2 排放量较大的 3 个省份是河北、辽宁和江苏，其排放量（全国占比）分别为 5.14 万 t（17.69%）、3.00 万 t（10.32%）和 2.95 万 t（10.17%）；NO_x 排放量较大的 3 个省份是河北、江苏和山东，其排放量（全国占比）分别为 13.40 万 t（20.13%）、7.55 万 t（11.34%）和 7.15 万 t（10.75%）；PM_{10} 排放量较大的 3 个省份是河北、江苏和辽宁，其排放量（全国占比）分别为 5.44 万 t（18.94%）、3.15 万 t（10.96%）和 2.68 万 t（9.33%）。这主要与河北、江苏、山东和辽宁较高的活动水平有关（占全国粗钢产量的 53.13%）。河北省各项大气污染物排放总量占比最高，平均达 20.51%，这与河北省粗钢产量大（占全国总产量的 25.01%）、企业数量多（占企业总数的 20.78%）的现状相吻合。另外，唐山和邯郸是河北省主要钢铁生产地和污染物排放源，其粗钢产量占比达 71.49%，污染物排放占比达 68.65%；日照和莱芜是山东省主要钢铁生产地和污染物排放源，其粗钢产量占比达 50.23%，污染物排放占比达 55.30%；苏州和南京是江苏省主要钢铁生产地和污染物排放源，其粗钢产量占比达 50.05%，污染物排放占比达 52.94%；鞍山和营口是辽宁省主要钢铁生产地和污染物排放源，其粗钢产量占比达 54.72%，污染物排放占比达 56.80%。由此，应重点关注河北、山东和辽宁等产能密集分布区域、重点排放区域，优化产业布局，进一步淘汰落后产能，大幅度降低污染排放。

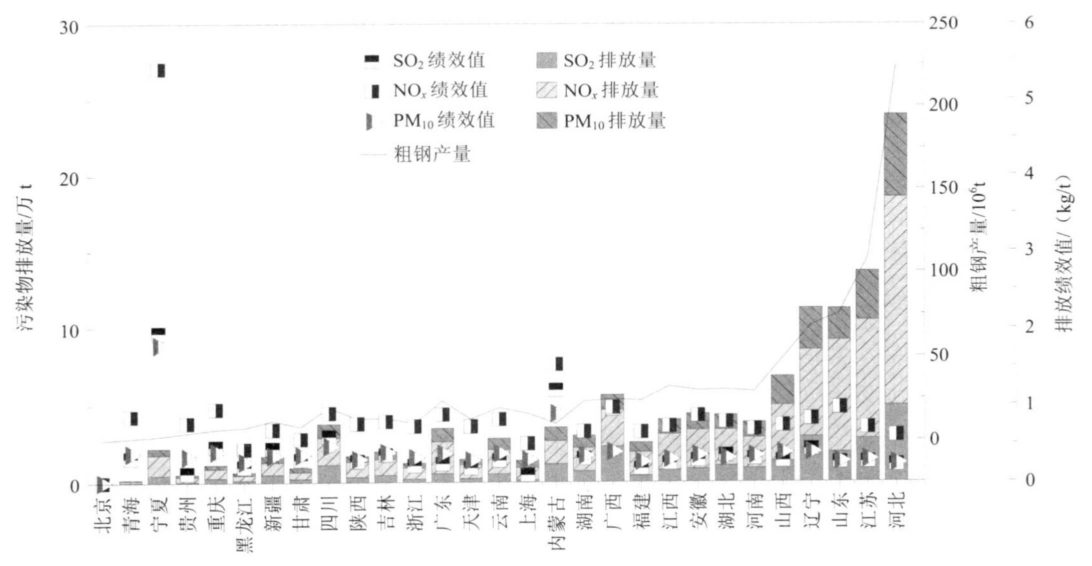

图 3-12 2018 年我国钢铁行业大气污染物排放绩效值

2012 年，我国钢铁行业 SO_2、NO_x 和 PM_{10} 排放绩效值分别为 2.45 kg/t、2.73 kg/t 和 1.04 kg/t。SO_2 排放绩效值较大的省（区、市）是甘肃（5.02 kg/t）、重庆（3.57 kg/t），NO_x 排放绩效值较大的省（区、市）是甘肃（3.77 kg/t）、重庆（3.38 kg/t），PM_{10} 排放绩效值较大的省（区、市）是甘肃（1.82 kg/t）、四川（1.56 kg/t）（见附表 15）。2015 年，我国钢铁行业 SO_2、NO_x 和 PM_{10} 排放绩效值分别为 0.62 kg/t、1.02 kg/t 和 0.49 kg/t。SO_2 排放绩效值较大的省（区、市）是四川（1.94 kg/t）和新疆（1.35 kg/t），NO_x 排放绩效值较大的省（区、市）是甘肃（1.98 kg/t）和四川（1.69 kg/t），PM_{10} 排放绩效值较大的省（区、市）

是四川（1.02 kg/t）、贵州（0.62 kg/t）（见附表 16）。2018 年，我国钢铁行业 SO_2、NO_x 和 PM_{10} 排放绩效值分别为 0.42 kg/t、0.93 kg/t 和 0.41 kg/t。SO_2 排放绩效值较大的省（区、市）是宁夏（1.93 kg/t）和内蒙古（1.20 kg/t），NO_x 排放绩效值较大的省（区、市）是宁夏（5.41 kg/t）和内蒙古（1.53 kg/t），PM_{10} 排放绩效值较大的省（区、市）是宁夏（1.77 kg/t）和内蒙古（0.89 kg/t）（见附表 17）。这主要由于我国近年来对河北、山东、辽宁等重点钢铁生产区域的管理控制水平加强，尤其是在河北和山东实施更为严格的地方排放标准，有效降低了排放强度水平。相反，甘肃、内蒙古、宁夏等省（区、市）大气污染控制水平较差，污染物排放绩效值较大，进一步说明未来我国钢铁行业大气污染减排应重点关注西部等欠发达地区，加大管控力度，降低西部地区排放强度水平。

从图 3-12 可知，河北、江苏、山东等钢铁产能大省，排放大气污染物总量大，但排放绩效控制较好。甘肃、内蒙古、宁夏等省（区、市）污染物排放绩效值较大，这主要是相关省（区、市）大气污染控制水平较差，说明未来我国钢铁行业的大气污染减排应关注西部等欠发达地区。2012 年和 2015 年大气污染物排放绩效值见附图 10 和附图 11。

另外，本书计算了 2012 年、2015 年和 2018 年我国钢铁行业各个省（区、市）单位面积排放强度。2012 年我国钢铁行业 SO_2、NO_x 和 PM_{10} 单位面积污染物排放强度分别是 0.25 kg/（10^4 t·km^2）、0.33 kg/（10^4 t·km^2）和 0.11 kg/（10^4 t·km^2）。SO_2 单位面积污染物排放强度最大的省（区、市）是天津，其次是上海。NO_x 单位面积污染物排放强度较大的省（区、市）是上海［3.34 kg/（10^4 t·km^2）］和天津［1.88 kg/（10^4 t·km^2）］。PM_{10} 单位面积污染物排放强度较大的省（区、市）是上海［0.83 kg/（10^4 t·km^2）］和天津［0.68 kg/（10^4 t·km^2）］（见附表 18）。2015 年我国钢铁行业 SO_2、NO_x 和 PM_{10} 单位面积污染物排放强度分别是 0.06 kg/（10^4 t·km^2）、0.15 kg/（10^4 t·km^2）和 0.06 kg/（10^4 t·km^2）。SO_2 单位面积污染物排放强度最大的省（区、市）是上海，其次是天津，上海单位面积污染物排放强度水平约为全国平均水平的 9.36 倍。NO_x 单位面积污染物排放强度较大的省（区、市）是上海［1.94 kg/（10^4 t·km^2）］和天津［0.79 kg/（10^4 t·km^2）］。PM_{10} 单位面积污染物排放强度较大的省（区、市）是上海［0.64 kg/（10^4 t·km^2）］和天津［0.35 kg/（10^4 t·km^2）］。一方面由于上海和天津等钢铁产量大，大气污染物排放总量大；另一方面由于钢铁厂分布密集，占地面积小，最终导致单位面积污染物排放强度相对较高。因此，优化和调整钢铁产业布局，特别是针对单位面积排放强度较大的省（区、市）（上海、天津等），鼓励产能搬迁和置换，引导发展先进水平的电炉企业，有利于减缓京津冀和长江三角洲等地区的污染（见附表 19）。

2018 年我国钢铁行业 SO_2、NO_x 和 PM_{10} 单位面积污染物排放强度分别是 0.04 kg/（10^4 t·km^2）、0.12 kg/（10^4 t·km^2）和 0.05 kg/（10^4 t·km^2）。SO_2 单位面积污染物排放强度最大的省（区、市）是宁夏，其次是天津，宁夏单位面积污染物排放强度水平约为全国平均水平的 8.04 倍。NO_x 单位面积污染物排放强度较大的省（区、市）是宁夏［0.82 kg/（10^4 t·km^2）］

和上海［0.81 kg/（10^4 t·km^2）］。PM_{10}单位面积污染物排放强度较大的省（区、市）是上海［0.47 kg/（10^4 t·km^2）］和宁夏［0.27 kg/（10^4 t·km^2）］。一方面由于宁夏排放强度大，污染控制措施覆盖率较低，造成单位面积的排放强度较大；另一方面由于上海占地面积小，最终导致单位面积污染物排放强度相对较高（见附表 20）。

（3）各工序分析

2012 年，从各工序排放上，SO_2、NO_x、PM_{10}和$PM_{2.5}$主要的污染源来自烧结工序，分别为 110.29 万 t、139.09 万 t、31.24 万 t 和 16.25 万 t，分别占总排放量的 69.52%、75.48%、45.81%和 47.99%。CO 主要的污染源来自高炉、烧结和转炉工序，分别为 1 460.94 万 t、1 994.05 万 t 和 2 175.54 万 t，分别占总排放量的 25.38%、34.64%和 37.79%。VOCs 主要的污染源来自烧结和焦化工序，分别为 22.66 万 t 和 34.19 万 t，分别占总排放量的 27.70%和 41.81%。BC 主要的污染源来自高炉和焦化工序，分别为 0.33 万 t 和 0.25 万 t，分别占总排放量的 30.62%和 23.11%。OC 主要的污染源来自转炉和烧结工序，分别为 0.45 万 t 和 0.36 万 t，分别占总排放量的 28.18%和 22.48%。EC 主要的污染源来自烧结和转炉工序，分别为 0.065 万 t 和 0.036 万 t，分别占总排放量的 39.30%和 21.55%，具体见附图 12。

2015 年，从各工序排放上，SO_2、NO_x、PM_{10}和$PM_{2.5}$主要的污染源来自烧结工序，分别为 22.64 万 t、45.68 万 t、17.33 万 t 和 8.10 万 t，分别占总排放量的 60.40%、63.39%、51.75%和 53.88%。CO 主要的污染源来自烧结和高炉工序，分别为 1 622.12 万 t 和 1 113.76 万 t，分别占总排放量的 46.63%和 32.02%。VOCs 主要的污染源来自焦化和烧结工序，分别为 34.56 万 t 和 25.35 万 t，分别占总排放量的 41.01%和 30.07%。BC 主要的污染源来自高炉和焦化工序，分别为 0.33 万 t 和 0.19 万 t，分别占总排放量的 51.06%和 29.61%。OC 主要的污染源来自焦化和高炉工序，分别为 0.22 万 t 和 0.20 万 t，分别占总排放量的 26.60%和 24.38%。EC 主要的污染源来自烧结和高炉工序，分别为 0.032 万 t 和 0.026 万 t，分别占总排放量的 41.48%和 33.52%，具体见附图 13。

2018 年，从各工序排放上，SO_2、NO_x、PM_{10}和$PM_{2.5}$主要的污染源来自烧结工序，分别为 18.82 万 t、52.40 万 t、15.00 万 t 和 6.59 万 t，分别占总排放量的 64.84%、78.72%、52.21%和 56.40%。CO 主要的污染源来自烧结和高炉工序，分别为 1 869.11 万 t 和 1 293.07 万 t，分别占总排放量的 46.07%和 31.87%。VOCs 主要的污染源来自烧结和焦化工序，分别为 29.20 万 t 和 27.12 万 t，分别占总排放量的 32.74%和 30.40%；BC 主要的污染源来自高炉和焦化工序，分别为 0.22 万 t 和 0.13 万 t，分别占总排放量的 49.53%和 28.53%。OC 主要的污染源来自焦化和烧结工序，分别为 0.151 万 t 和 0.145 万 t，分别占总排放量的 24.68%和 23.77%。EC 主要的污染源来自烧结和高炉工序，分别为 0.026 万 t 和 0.018 万 t，分别占总排放量的 44.28%和 30.09%。

从历年结果来看，焦化、烧结、球团和高炉 4 个铁前工序是我国钢铁行业大气污染物主要排放环节（见图 3-13 和附表 21）。由于我国目前仍然以长流程企业为主，因此烧结、球团、焦化和高炉 4 个铁前工序仍是钢铁行业大气污染物主要排放环节，未来应进一步加强对铁前工序污染物控制力度，加快长流程企业向短流程企业的转型，扩大电炉炼钢使用范围，从源头降低污染物排放。其中，从历年排放水平看，烧结生产工序的主要污染物排放占比均超过 50%，是钢铁行业的主要排放源，因此未来应重点关注烧结工序大气污染排放治理，以有效促进钢铁行业排放总量减排。

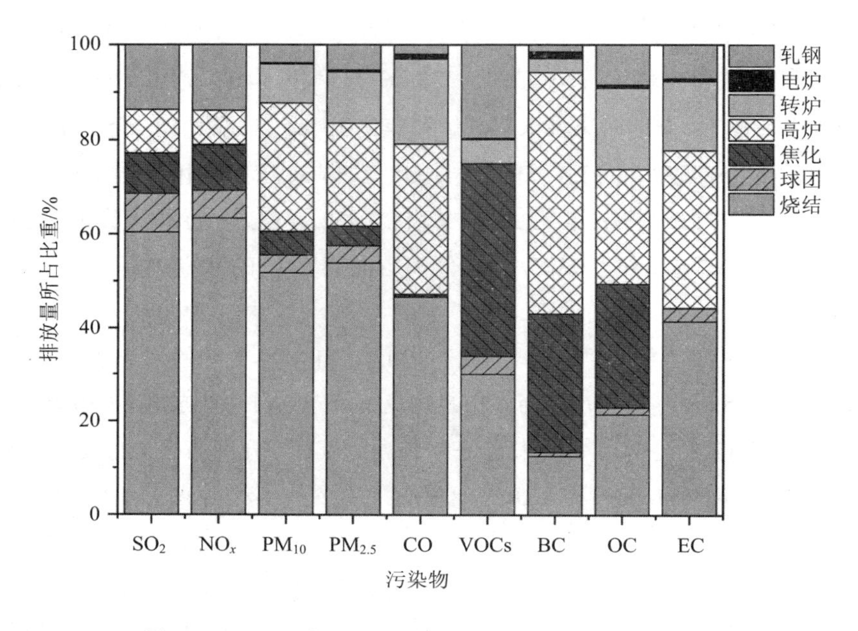

图 3-13 2018 年我国钢铁不同工序污染物排放量占比

（4）时间谱分析

根据式（3-1）以及 2012 年、2015 年和 2018 年各个月的粗钢产量，编制了我国钢铁排放清单时间廓线（时间谱）。图 3-14 结果显示，2012 年和 2015 年 1 月份钢铁行业粗钢产量均存在高峰（2018 年 1 月份由于秋冬季应急减排，粗钢产量较低），2012 年、2015 年和 2018 年 2 月份均存在低谷。潜在原因为：一般钢铁企业在年底设备大修，年初 1 月份满负荷生产（钢铁企业一般有追求开门红的传统），导致产量激增。此外，2 月份天数比其他月份要少。2012 年、2015 年和 2018 年我国月度粗钢产量占比见附表 22。

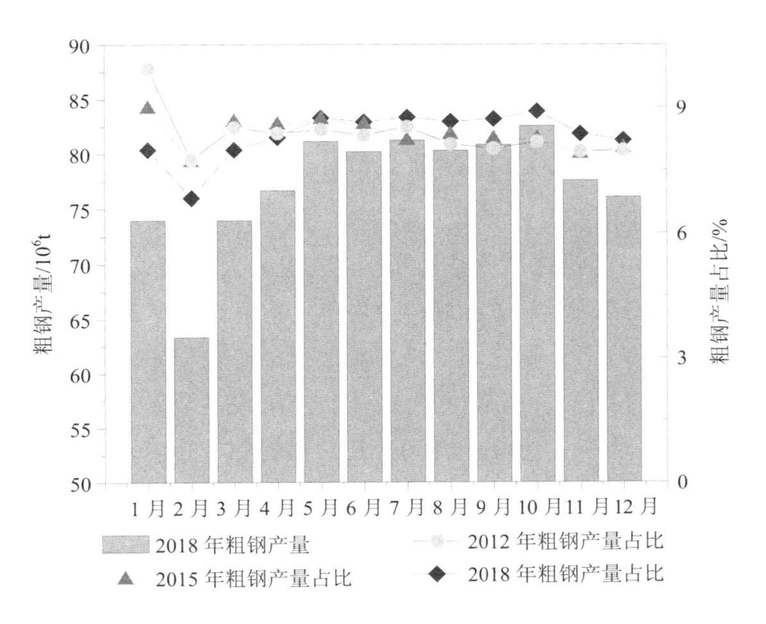

图 3-14　我国 2012 年、2015 年和 2018 年月度粗钢产量占比

3.3　未来年我国钢铁行业大气排放清单模型建立

以 2018 年我国钢铁行业环境统计数据为基础，从生产工序入手，基于发达国家钢铁产业结构现状，设计两种假设情景：情景 I ——假设我国钢铁行业未来年产量（活动水平）与 2018 年现状不变，但各工序全面达到了超低排放标准；情景 II ——假设我国步入发达国家钢铁行业结构情景（电炉钢占比上升，转炉钢占比下降），粗钢产量下降，各工序全面达到了超低排放标准。预测两种情景下未来年我国钢铁行业大气污染物排放量，为钢铁行业供给侧改革、化解产能等提供基础数据支持。

3.3.1　排放量计算

（1）未来年情景 I

根据 2018 年钢铁排放清单的现状活动水平以及超低排放标准折算的排放因子，按照自下而上的方法，计算情景 I 我国钢铁企业各工序污染物的排放量。

（2）未来年情景 II

2010 年，发达国家钢铁比为 0.332 7～0.745 1，我国铁钢比为 0.944 0，除我国外的世界平均铁钢比为 0.573 4。英国、法国、美国等先期工业化国家，粗钢消费量峰期（1960—1980 年）达 400～500 kg/（人·a），后平台期（1980 年之后）呈缓慢下降态势，目前消费量已降至约 200 kg/（人·a）。

我国 1998—2015 年累计粗钢产量约 80 亿 t，按废钢循环动态平衡的观念，钢铁产品 10～20 年转化为废钢，根据 17 年折旧计算（1998—2015 年），由此产生的废钢量将达到 4.7 亿 t/a，按照 50%的废钢回收利用率，可利用废钢约 2.35 亿 t/a。

根据美国等发达国家钢铁工业产业生命周期，本书预测未来年我国步入发达国家后，粗钢年产量会趋于稳定，但钢铁产业结构和生产工艺将发生较大变化，产业结构由产品同质化、低端化升级到产品专业化、品牌化，生产工艺由长流程高炉转炉炼钢为主升级到短流程电炉炼钢为主。基于发达国家粗钢消费量现状，假设未来年我国人均粗钢消费量约 300 kg/（人·a），人口为 14 亿人，需年产粗钢 4.2 亿 t，其中转炉钢、电炉钢产量均为 2.1 亿 t（长流程、短流程产量各占 50%），年可利用废钢 2.35 亿 t 可满足炼钢需求。

假设未来年我国钢铁行业产业结构调整情况下，各工序排放水平均达到超低排放标准，钢铁行业大气污染物排放量计算公式如下：

$$Q_r = E_a \times F_{a,r} + E_b \times F_{b,r} \tag{3-4}$$

式中：Q_r——未来年我国钢铁行业污染物 r 排放量，t；

E_a——未来年我国转炉钢产量，t；

$F_{a,r}$——钢铁行业转炉钢的超低绩效值指标，即每吨钢 SO_2 排放量 0.235 kg、每吨钢 NO_x 排放量 0.361 kg 以及每吨钢 PM_{10} 排放量 0.189 kg；

E_b——未来年我国电炉钢产量，t；

$F_{b,r}$——电炉钢的超低绩效值指标，即每吨钢 PM_{10} 排放量为 0.007 kg。

3.3.2 未来年我国钢铁企业大气污染物排放分析

（1）情景 I 预测

假设我国钢铁保持 2018 年的粗钢产量不变，全面实现超低排放，基于此情景，我国钢铁企业 SO_2、NO_x 和 PM_{10} 排放量分别为 19.15 万 t、29.36 万 t 和 15.49 万 t。与 2018 年现状情景相比，SO_2、NO_x 和 PM_{10} 排放量分别减少 34.02%、55.89%和 46.08%。说明加强钢铁行业污染控制，降低污染排放浓度，可大幅度降低污染物排放水平，进一步改善空气质量水平。

如图 3-15 所示，从各工序排放上，SO_2、NO_x、PM_{10} 和 $PM_{2.5}$ 主要的污染源来自烧结工序，分别为 10.70 万 t、16.53 万 t、7.53 万 t 和 3.52 万 t，分别占总排放量的 55.87%、56.29%、48.62%和 50.96%（见图 3-15 和附表 23）。从我国各省（区、市）钢铁企业排放和空间分布情况来看（见附表 24 和图 3-16），SO_2 排放量较大的 3 个省（区、市）是河北、江苏和辽宁，排放量（全国占比）分别为 4.33 万 t（22.59%）、2.32 万 t（12.10%）和 1.58 万 t（8.28%）。

NO_x 排放量较大的 3 个省（区、市）是河北、江苏和山东，排放量分别为 5.90 万 t（20.11%）、3.32 万 t（11.30%）和 2.66 万 t（9.04%）。PM_{10} 排放量较大的 3 个省（区、市）是河北、江苏和辽宁，排放量分别为 3.57 万 t（23.07%）、1.61 万 t（10.36%）和 1.34 万 t（8.65%）。主要由于河北、江苏、山东和辽宁粗钢产量大，产业密集。

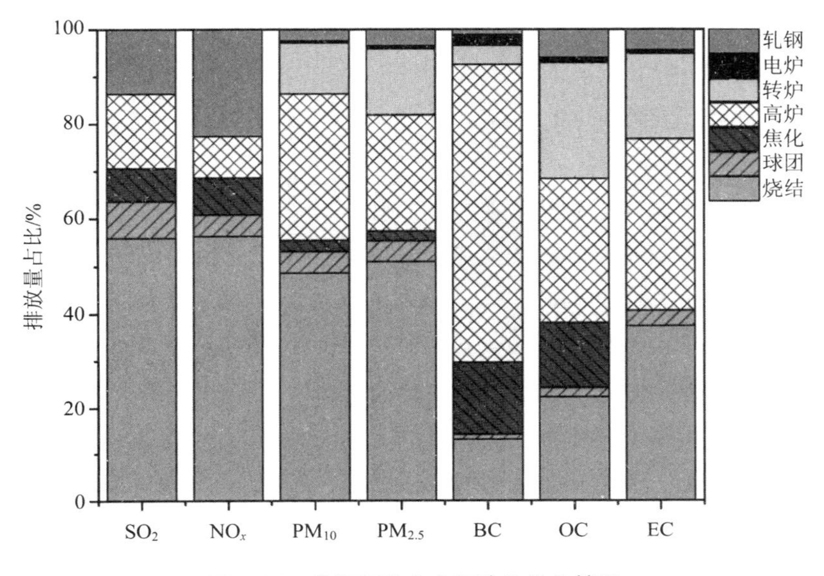

图 3-15　我国钢铁企业污染物排放情况

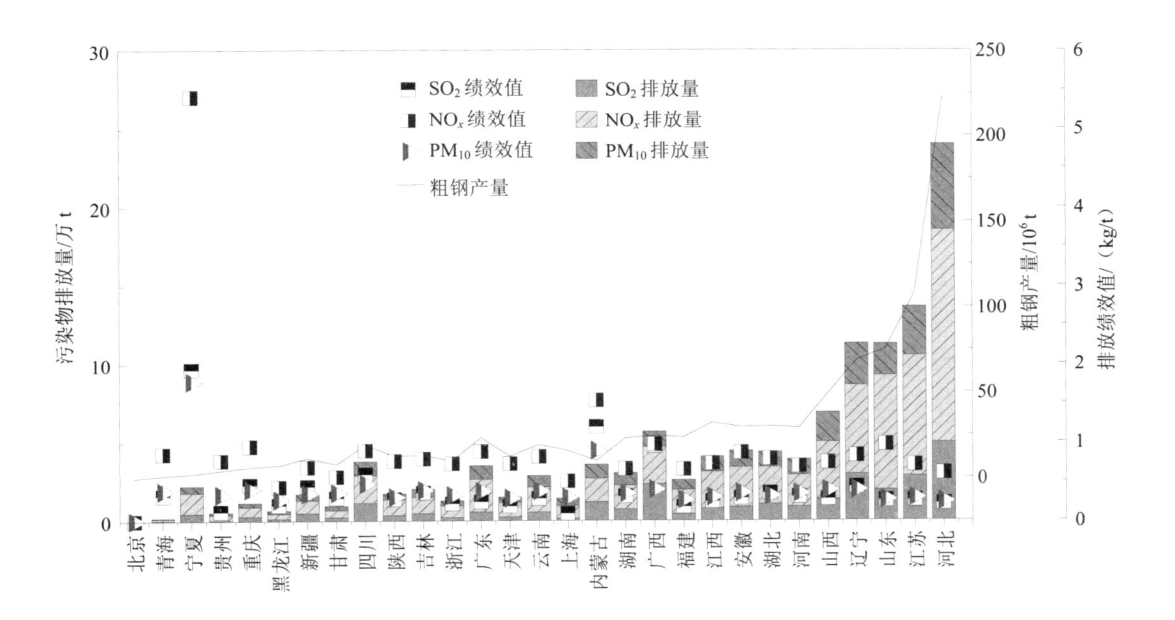

图 3-16　我国各省（区、市）钢铁企业排放绩效

（2）情景Ⅱ预测

假设我国步入发达国家，钢铁产业结构调整（电炉钢比例提高），电炉钢和转炉钢分别为 2.1 亿 t 和 2.1 亿 t，并全面实现超低排放。基于此情景，我国钢铁企业 SO_2、NO_x 和 PM_{10} 排放量分别为 4.94 万 t、7.58 万 t 和 4.11 万 t。与 2018 年现状情景相比，SO_2、NO_x 和 PM_{10} 排放量分别减少 82.98%、88.61%和 85.69%。

3.4 与现有钢铁清单区别

本书对比分析了 2 项现有研究中计算的 2012 年和 2015 年全国尺度排放清单（见图 3-17）。结果发现，在本书拟建的钢铁清单中，钢铁行业 SO_2 和 PM_{10} 排放量总体小于其他清单对应年份的排放量，主要原因在于本书中 2012 年和 2015 年排放清单烧结机 SO_2 和 PM_{10} 排放因子整体小于现有钢铁排放清单因子。从图 3-17 中可知，本书中 2012 年、2015 年和 2018 年 PM_{10}、SO_2 和 NO_x 排放呈现逐年下降趋势，表明从 2012 年现有标准执行到 2015 年新建标准执行以及到 2018 年现有情景，我国钢铁行业污染物排放下降明显，大气污染控制效果显著。除此以外，与本书研究结果相比，现有研究排放量核算结果较高，主要与清单核算方法有关，且排放因子多引用过去的、固定的数据。而 2012 年钢铁行业 NO_x 排放量大于其他文献 2012 年排放量，主要原因在于本书中 2012 年排放清单烧结机 NO_x 排放因子整体大于现有钢铁排放清单因子。

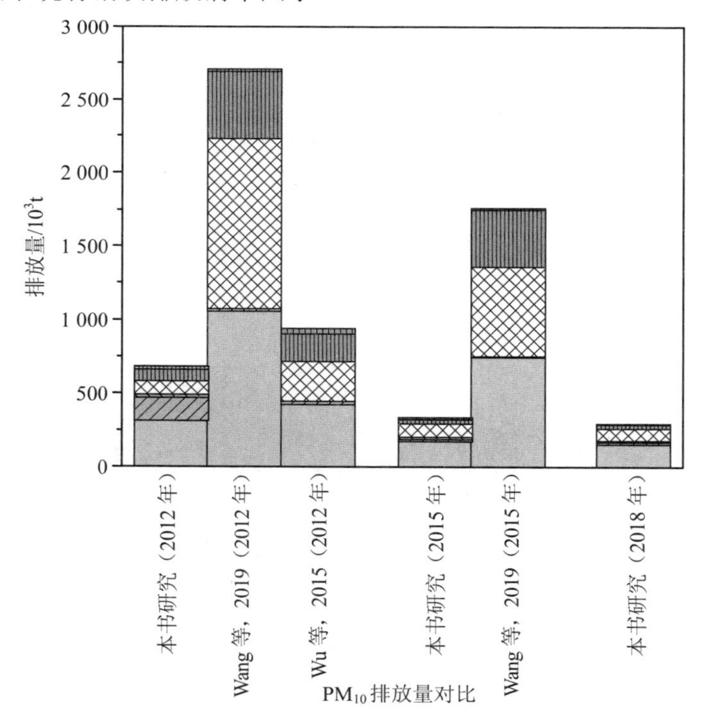

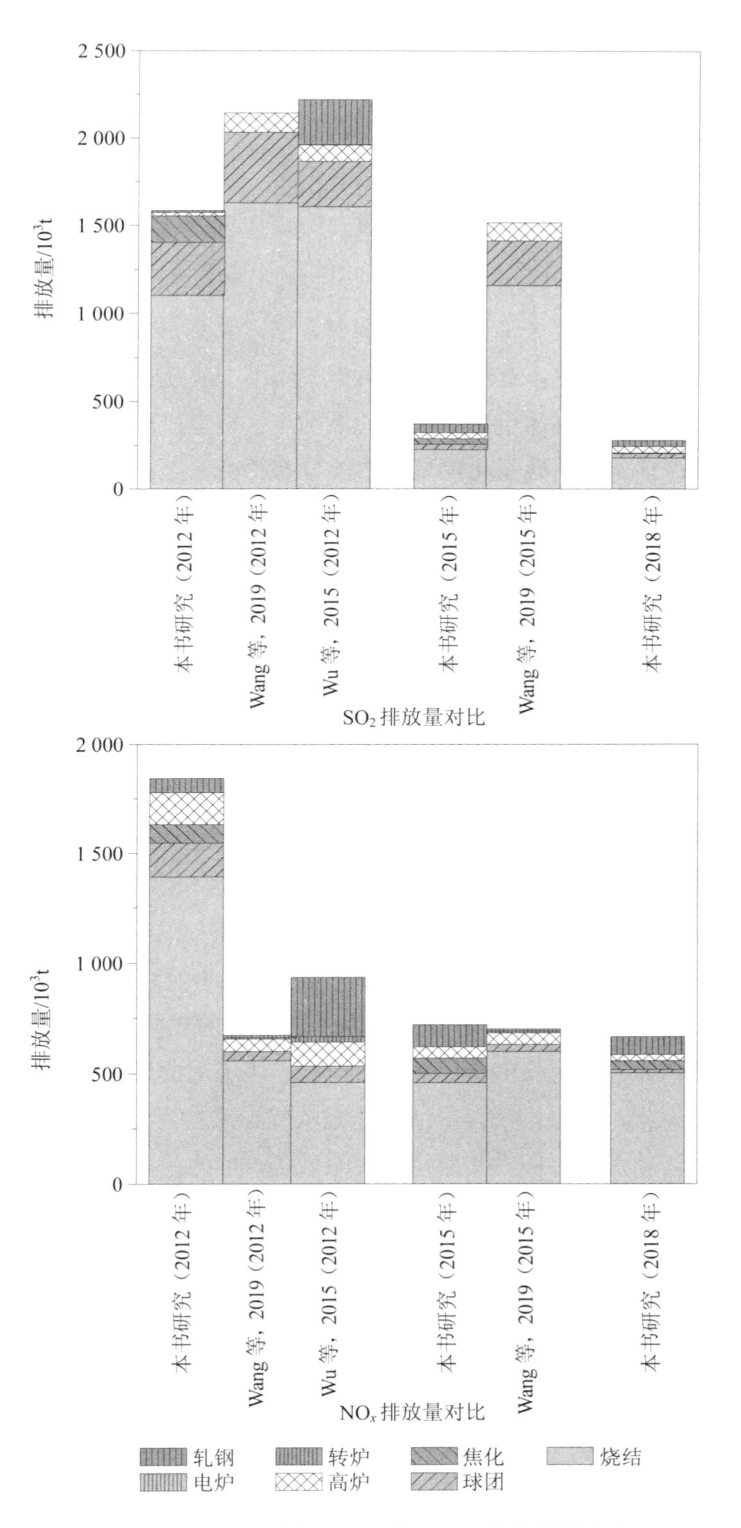

图 3-17　本书研究与现有研究不同工序排放量对比

本书拟建的钢铁清单充分考虑了主要工序的各个产污节点的排放因子，并结合了2015年和2018年CEMS排放因子数据，数据更准确可靠，本书中的排放量可反映于标准加严和超低排放改造等政策导致的排放因子变化。

3.5 钢铁排放清单的不确定性分析

现有对于不确定分析研究大多采用蒙特卡罗方法，其优点在于使用灵活、容易实现。相比解析方法，蒙特卡罗方法不存在数据分布类型和模型复杂性的限制，适用于任意数据分布类型、任意形式的排放源清单估算模型的不确定性传递过程。此外，蒙特卡罗方法可通过大量足够的模拟样本，精确量化模型输出的分布特征。因此，蒙特卡罗方法被广泛运用于工业源清单的不确定性分析中，如火电、钢铁和水泥等。

因此，本书使用蒙特卡罗方法来证实我国钢铁企业排放清单计算的可靠性。蒙特卡罗方法通过产生随机数，表征相关运算参数（如活动水平和排放因子）的概率分布，并求解不同参数取值下对应的排放量，获取排放量的分布，以进一步确定其不确定性区间。参照Tang等（2019）和Zhao等（2011）提出的方法，分别针对2012年、2015年和2018年的清单，在蒙特卡罗框架下进行了10 000次模拟实验，求解了钢铁排放量的95%置信区间。

对于2012年清单，不确定性主要来自活动水平和排放因子，假设工序的活动水平服从变异系数（标准差除以平均值）为5%的正态分布，排放因子服从变异系数为20%的正态分布。在各自概率分布下，模拟10 000次，得到排放量95%的置信区间。

对于2015年和2018年钢铁排放清单，首先，不确定性来自CEMS小时浓度的高频波动，本书基于单个工序的不同污染物的小时浓度值，拟合相应的每月浓度的概率分布，对于没有CEMS的工序，采用bootstrap方法，从相同省份的相同工序的CEMS小时浓度中做有放回的等概率抽取。其次，由于技术、原料和工序工况的异质性，使用理论烟气量可能导致不确定性，因此，本书假设理论烟气量服从变异系数为5%的正态分布。最后，不确定性来自工序的活动水平，假设其服从变异系数为5%的正态分布。采用蒙特卡罗方法对CEMS浓度、理论烟气量和活动水平在单个工序的月维度基础上，依照各自的概率分布，随机生成数值，并进行了10 000次模拟，估计了钢铁污染物排放量的不确定度范围。

分析结果表明，本书核算的我国钢铁排放清单结果是相对稳定的，2012年、2015年和2018年排放清单总量的95%置信区间分别为±28.72%、±1.51%和±1.81%。同时，已有文献中基于传统排放因子的火电排放清单的不确定性范围为（–22%，–38%），钢铁排放清单不确定性范围为（–5%，–71%），结果表明基于CEMS的清单计算方法，大幅度降低了钢铁排放清单的不确定性。

3.6 钢铁排放清单的校验

在 3.5 节中利用蒙特卡罗模拟，对本书中钢铁行业大气污染物排放清单编制中的误差来源进行了定量分析。本节引入排放源清单的横向比较、趋势校验和空气质量检测数据，采用多重维度的相互独立的数据，交叉验证本书中排放清单的可靠性。

采用排放源清单横向比较的方法，比较本书中钢铁排放清单和现有文献研究的结果。对比结果显示，排放量总量低于现有研究中的排放量，但污染排放在不同区域和工序中的分布趋势一致，证明本书研究结果的可靠性和真实性。其中，本书中的排放量较低，主要原因在于采用的排放因子较小，具体分析见 3.4 节。

采用趋势比较的方法，比较钢铁行业大气污染排放量的年度变化趋势。我国逐渐加强钢铁行业的污染物控制，2012 年钢铁行业现有标准执行，2015 年钢铁行业新建标准执行，2018 年《打赢蓝天保卫战三年行动计划》重点管控钢铁等高耗能行业的排放。同时，钢铁行业 2012 年、2015 年和 2018 年 PM_{10}、SO_2 和 NO_x 排放呈现逐年下降趋势，与我国的环境管控方向相符合，加严的政策导致污染物逐年下降。因此，本书中排放量的年度变化趋势合理。

采用空气质量数据验证的方法，基于本书的排放清单，利用 CAMx 模型进行大气污染扩散模拟，将模拟值与真实的空气质量站点的数据进行对比。结果显示，模型模拟的浓度值和空气站点的监测数据相关性较高，空间分布趋势一致，具体结果分析见 4.2 节。证明本书中钢铁清单具有较高的时空精度。

3.7 小结

本章开发了一套快速更新我国钢铁大气排放清单的方法，建立了基于工艺的我国钢铁行业排放清单管理系统，并采用该系统自下而上编制了我国 2012 年、2015 年和 2018 年钢铁大气排放清单，预测了未来不同情景下的我国钢铁大气排放量情况，得到如下结论：

（1）2012—2018 年，钢铁行业排放的 SO_2、NO_x 和 PM（PM_{10}、$PM_{2.5}$、BC、OC 和 EC）排放量逐年降低，VOCs 排放量逐年上升。与 2012 年相比，2015 年 CO 排放量下降；与 2015 年相比，2018 年 CO 排放量反而上升（主要原因是活动水平上升），未来钢铁行业污染物减排需要加大关注 VOCs、CO 等特征污染物排放。

（2）从区域分布来看，河北省钢铁企业数量以及大气污染物排放量均排全国首位。从各省排放绩效来看，西部欠发达地区的省份污染物排放绩效值较大，东部发达地区钢铁企业超低排放改造工作已取得部分进展。

（3）从工序来看，焦化、烧结、球团和高炉 4 个铁前工序是我国钢铁行业常规大气污染物（SO_2、NO_x和 PM_{10}）主要排放环节；CO 主要来自烧结和高炉工序；VOCs 主要来自焦化、烧结和轧钢工序。

（4）从清单排放量计算结果来看，2012 年、2015 年和 2018 年排放清单的排放量整体上小于已有研究结果。从不确定性分析结果来看，基于 CEMS 的清单计算方法，大幅度降低了钢铁排放清单的不确定性。从未来情景分析结果来看，在我国钢铁步入发达国家产业结构（电炉钢比例提高），且排放全面达到超低排放水平情景下，大气污染物排放量相比于 2018 年大幅度降低，是本书所有情景中的最优情景。

第 4 章
我国钢铁行业大气环境影响分析研究

第 1.3 节文献综述结果显示，现有研究缺少关于我国钢铁行业对各省、重点区域的空气质量贡献程度分析，无法为钢铁行业大气环境管理、钢铁企业布局和应急减排等提供依据。

针对上述问题，本章利用第 3 章建立的我国高时空分辨率钢铁行业大气排放清单，与清华大学的 MEIC 清单相结合，编制网格化清单，并利用 CAMx 模型定量评估不同情景下钢铁行业大气排放对全国或重点区域的环境影响。

4.1 模型参数

本章进行气象模拟所选用的是新一代中尺度气象模型 WRF（Weather Research and Forecasting Model）V3.8，采用完全可压缩的非静力方程。其中，水平方向采用 Arakawa C 格点方案，垂直方向采用地形跟随质量坐标；选取的中心经纬度为（35°N，102°E），垂直共分为 31 层，最高层为 50 hPa。主要模拟参数及嵌套网格设置见表 4-1。WRF 模型中地形和地表类型数据来源于美国地质调查局（USGS）全球数据，其中数字高程数据选用 SRTM3，精度约为 90 m。

钢铁行业大气污染模拟，采用的是区域空气质量模型 CAMx。CAMx 在我国大气环境领域应用较广，是 ENVIRON 公司开发的基于“一个大气”理念的三维欧拉数值模型（开源系统），属于第三代空气质量模型。CAMx 可基于 MM5（第五代中尺度模式）、WRF 等气象场，读取源前处理模型（SMOKE 等）的数据，可较好模拟大气污染物的扩散、沉降和光化学反应等过程，具有臭氧源分配技术（OSAT）、PM 源分配技术（PSAT）等功能。其中，PSAT 除能对一次 PM 进行示踪外，还可以通过追踪二次 PM 的化学变化过程，对二次 PM 进行源贡献分析。OSAT 可针对不同地区、不同种类的污染源排放臭氧前体物（NO_x、VOCs 等）进行示踪，定量分析臭氧的来源贡献。

表 4-1　WRF 模式参数设置

模式	设置	说明
WRF	水平网格	144×144
	网格距	36 km
	垂直分层	31
	云微物理方案	WSM5-class scheme
	表面层方案	Monin-Obukhov scheme
	陆面方案	Unified Noah land-surface model
	边界层方案	YSU scheme
	积云参数化方案	Kain - Fritsch scheme
	短波辐射方案	Goddard scheme
	长波辐射方案	RRTM short wave scheme
	模拟时间	2012 年、2015 年和 2018 年的 1 月、4 月、7 月和 10 月

因此，CAMx 模型能够很好地同时模拟多种污染物及多尺度的大气污染预报，并追踪示踪物质，快速、准确地模拟出示踪物质对目标区域的污染物贡献。因此本书选择使用 CAMx 模拟我国钢铁行业污染物排放影响。因此，本书选择使用 CAMx 模拟我国钢铁行业污染物排放影响。本次模拟所选取的时间段为 2012 年、2015 年和 2018 年的 1 月、4 月、7 月、10 月，模拟区域覆盖全国，模式网格水平分辨率为 36 km，模拟参数设置见表 4-2。

表 4-2　CAMx 模式参数设置

模式	设置	说明
CAMx	水平网格	144×144
	网格距	36 km
	排放源	MEIC2016
	气相化学机理	CB 05
	气相化学算法	EBI
	气溶胶模式	AERO5/CF Scheme
	水平平流方案	PPM
	垂直扩散方案	标准 K 理论
	干沉降参数化方案	WESELY89

4.2　模型验证

根据《环境空气质量模型遴选工作指南（试行）》，对于区域欧拉网格模型，以标准化平均偏差（NMB）和标准化平均误差（NME）以及相关系数（*R*）为评价依据来判断模型的准确性。按模拟的 SO_2、NO_x 和 $PM_{2.5}$ 等污染物给出对应的评价标准，不同污染物模拟准确性的评价标准如下：

SO_2：–40%<NMB<50%，NME<80%，R^2>0.3；

NO_2：–40%<NMB<50%，NME<80%，R^2>0.3；

$PM_{2.5}$：–50%<NMB<80%，NME<150%，R^2>0.3。

其中 R^2 主要用于衡量两个变量之间的线性相关程度；另外，还有平均百分比偏差（FB），用于定量分析模型模拟平均值与验证案例监测平均值的一致性，当模型低估或高估两倍时，FB 会超出[–67%，+67%]的范围。

本书分别选取了 2018 年上海、南京、唐山、邯郸以及临汾（均为《打赢蓝天保卫战三年行动计划》强调的三个重要区域，即“2+26”城市、汾渭平原、长三角地区的典型钢铁城市）的环境空气质量监测数据做验证（见表 4-3）。

表 4-3　2018 年上海、南京、唐山、邯郸、临汾的环境空气质量监测数据

城市	评价指标	$PM_{2.5}$	PM_{10}	SO_2	NO_2
上海	R	0.8	0.68	0.49	0.63
南京		0.81	0.76	0.26	0.43
唐山		0.69	0.62	0.61	0.49
邯郸		0.73	0.67	0.72	0.54
临汾		0.74	0.63	0.84	0.58
上海	FB	0.34	–0.19	1.22	0.42
南京		0.29	–0.28	0.99	0.18
唐山		0.36	–0.09	0.7	0.17
邯郸		0.02	–0.48	0.39	–0.19
临汾		–0.31	–0.75	–0.05	0.06
上海	NMB	0.41	–0.17	3.13	0.53
南京		0.34	–0.24	1.95	0.2
唐山		0.44	–0.09	1.08	0.18
邯郸		0.02	–0.38	0.49	–0.17
临汾		–0.27	–0.55	–0.05	0.06
上海	NME	0.63	0.46	3.14	0.63
南京		0.59	0.41	2	0.42
唐山		0.60	0.42	1.14	0.35
邯郸		0.52	0.47	0.68	0.27
临汾		0.49	0.59	0.65	0.38

城市	评价指标	$PM_{2.5}$	PM_{10}	SO_2	NO_2
上海	Mean_obs	33.4	62.43	10.35	39.68
南京		49.1	95.86	10.4	50.4
唐山		53.5	95.84	27.68	50.45
邯郸		64.4	131.8	24.22	59.48
临汾		67.5	118.8	48.47	35.84
上海	Mean_sim	47	51.58	42.75	60.53
南京		65.6	72.53	30.62	60.64
唐山		76.9	87.46	57.48	59.54
邯郸		65.9	81.13	36.06	49.36
临汾		49.5	53.77	46.02	37.92

注：Mean_obs 表示监测值的平均值；Mean_sim 表示模拟情境下的平均值。

验证指标如表 4-3 所示，其中南京 PM_{10} 和 $PM_{2.5}$ 的模拟结果与观测值之间的相关系数 R 达到了 0.81，模拟效果最好。SO_2 和 NO_2 模拟效果略差，主要原因可能是模拟采用的清单为 MEIC 2016，而实际 2018 年 SO_2 和 NO_x 的排放情况相对于清单更低，导致模拟出现高估的情况。唐山、邯郸、上海、临汾站点也出现类似的高估情况，总体对 $PM_{2.5}$ 和 PM_{10} 模拟效果较好。

4.3 2012 年（历史情景下）钢铁行业大气环境影响分析

4.3.1 2012 年钢铁行业排放对各省大气环境影响分析

我国钢铁行业对各省（区、市）SO_2、NO_x 和 $PM_{2.5}$ 年均浓度贡献比例平均值分别为 13.73%、9.50%和 4.13%，说明 2012 年钢铁行业对区域污染物浓度贡献最大的是 SO_2，2012 年钢铁行业脱硫空间较大（见表 4-4）。

从各省（区、市）主要大气污染物浓度贡献比例来看，我国钢铁行业对河北、天津、辽宁等省（区、市）主要大气污染物浓度贡献比例较大，其中钢铁企业 SO_2 排放对区域大气污染贡献比例较高的省（区、市）为河北、天津和辽宁，分别为 33.42%、29.84%和 29.68%；NO_x 排放对区域大气污染贡献比例较高的省（区、市）为河北、云南和湖北，分别为 23.59%、22.21%和 19.91%；$PM_{2.5}$ 排放对区域大气污染贡献比例较高的省（区、市）为河北、天津和辽宁，分别为 9.93%、8.59%和 7.70%。从 2012 年我国钢铁行业排放情况分析，河北、辽宁排放量占据全国前两位，排放体量大，企业数量多，与之对应的大气污染物浓度贡献比例较高，模型模拟结果也验证了河北、辽宁的大气污染物浓度较高。此外，由于天津位于京津冀地区，受河北钢铁企业传输影响较大，因此模型模拟该地区大气污染物浓度较高。

表 4-4　历史情景下我国钢铁企业排放对各省主要大气污染物年均浓度贡献比　单位：%

省（区、市）	SO_2	NO_x	$PM_{2.5}$
北京	16.67	7.10	3.83
天津	29.84	15.34	8.59
上海	11.62	11.11	6.05
重庆	2.62	3.92	1.75
河北	33.42	23.59	9.93
吉林	8.21	4.53	3.31
黑龙江	10.77	4.52	3.34
辽宁	29.68	16.79	7.7
内蒙古	8.71	7.65	4.97
山西	9.01	12.35	4.37
陕西	2.48	1.83	1.7
河南	11.59	7.67	3.23
西藏	0.25	0	0.23
甘肃	22.07	11.15	5.44
青海	15.08	5.79	3.89
宁夏	0.71	0.49	1.45
新疆	16.9	10.9	6.63
山东	12	8.64	3.59
安徽	14.69	7.24	3.01
湖北	21.28	19.91	5.22
湖南	9.81	9.85	3.2
江苏	24.78	11.9	6.02
浙江	9.44	5.32	3.15
江西	24.33	15.62	4.53
福建	15.58	11.5	4.17
广东	5.69	3.5	2.47
广西	13.05	13.16	3.21
贵州	2.65	5.13	1.68
四川	5.6	5.1	2.07
海南	11.3	10.68	3.31
云南	25.83	22.21	5.83
全国平均	13.73	9.5	4.13

钢铁行业排放大气污染物年均贡献浓度与 2012 年我国钢铁排放清单分布较为一致，京津冀及周边地区（“2+26”城市）、汾渭平原、长三角等年均贡献浓度较高（粗钢占比大），北京虽然没有大型钢铁企业，但我国钢铁行业排放对北京大气污染物年均浓度贡献较高（SO_2、NO_x和 $PM_{2.5}$ 年均浓度贡献比例分别为 16.67%、7.10%和 3.83%），说明北京受到了区域钢铁企业大气污染物传输影响（2012 年我国钢铁行业排放大气污染物年均贡献浓度分布图，可见论文 *Iron and steel industry emissions and contribution to the air quality in China*）。

4.3.2 2012 年钢铁行业排放对重点区域大气环境影响分析

（1）2012 年我国钢铁行业排放对“2+26”城市大气环境影响分析

从各城市主要大气污染物浓度贡献占比来看，我国钢铁行业对唐山、邯郸和安阳等城市主要大气污染物浓度贡献占比较大，其中钢铁企业冬季排放 SO_2、NO_x 和 $PM_{2.5}$ 对区域大气污染贡献占比较高的城市为唐山、邯郸和安阳，SO_2 贡献占比分别为 56.65%、40.62%和 29.65%，NO_x 贡献占比分别为 46.43%、36.66%和 24.20%，$PM_{2.5}$ 贡献占比分别为 20.11%、9.04%和 5.54%（见表 4-5）。

表 4-5 历史情景下我国钢铁企业排放对“2+26”城市主要大气污染物的浓度贡献比　　单位：%

城市	$PM_{2.5}$ 冬季	$PM_{2.5}$ 夏季	SO_2 冬季	SO_2 夏季	NO_x 冬季	NO_x 夏季
北京	1.42	6.35	8.47	19.70	4.16	8.03
天津	4.54	9.95	20.06	29.59	11.99	14.90
石家庄	1.08	4.00	2.87	5.01	3.13	3.33
唐山	20.11	27.10	56.65	59.52	46.43	46.44
廊坊	2.50	8.05	12.82	23.48	8.72	11.74
保定	0.75	4.16	3.70	7.76	3.71	4.21
沧州	1.94	5.44	9.73	12.38	8.05	8.37
衡水	1.15	4.49	6.11	8.17	6.57	6.22
邢台	4.76	13.24	24.28	38.12	21.99	28.83
邯郸	9.04	20.36	40.62	52.47	36.66	42.13
太原	4.34	7.15	7.11	10.22	17.96	18.76
阳泉	1.20	3.49	1.60	2.61	4.72	3.50
长治	3.15	7.44	11.75	19.16	14.52	18.40
晋城	3.12	6.63	12.37	18.00	14.66	16.33
济南	4.09	8.81	23.61	26.09	15.23	16.16
淄博	3.48	6.32	12.34	12.25	12.33	10.95
济宁	0.96	3.96	4.43	4.73	5.19	2.82

城市	$PM_{2.5}$ 冬季	$PM_{2.5}$ 夏季	SO_2 冬季	SO_2 夏季	NO_x 冬季	NO_x 夏季
德州	1.18	4.86	5.79	10.18	6.31	7.32
聊城	1.03	4.43	4.34	6.54	4.91	4.72
滨州	2.01	4.88	9.06	8.17	8.89	7.57
菏泽	0.81	3.97	4.81	6.01	5.33	3.21
郑州	0.95	2.73	4.52	5.19	3.89	3.08
开封	1.05	3.85	6.20	7.59	5.74	4.46
安阳	5.54	12.52	29.65	39.11	24.20	27.73
鹤壁	4.60	10.19	23.61	31.62	19.69	22.60
新乡	1.73	5.24	9.33	12.83	8.52	8.95
焦作	1.81	5.18	8.66	12.49	8.31	8.28
濮阳	1.38	5.17	9.24	12.31	8.36	7.93
区域最高	20.11	27.10	56.65	59.52	46.43	46.44

我国钢铁行业的夏季 SO_2 排放对区域大气污染贡献占比较高的城市为唐山、邯郸和安阳，分别为 59.52%、52.47%和 39.11%；NO_x 排放对区域大气污染贡献占比较高的城市为唐山、邯郸和邢台，分别为 46.44%、42.13%和 28.83%；$PM_{2.5}$ 排放对区域大气污染贡献占比较高的城市为唐山、邯郸和邢台，分别为 27.10%、20.36%和 13.24%。

2012 年，我国钢铁行业对“2+26”城市污染物浓度贡献较大的是 SO_2 和 NO_x，因此，我国需加强对钢铁企业 SO_2 和 NO_x 等前体污染物的控制；钢铁行业大气污染物浓度贡献占比较高的区域主要集中在以唐山、邯郸和安阳为中心的区域，这是因为唐山（占河北省总产量的 49.71%）、邯郸（占河北省总产量的 23.91%）和安阳（占河南省总产量的 53.95%）粗钢产量占比大。

（2）2012 年我国钢铁行业排放对汾渭平原城市大气环境影响分析

从各城市主要大气污染物浓度贡献占比来看，我国钢铁行业对临汾等城市主要大气污染物浓度贡献占比较大，其中冬季 SO_2 排放对区域大气污染贡献占比较高的城市为临汾、吕梁和洛阳，分别为 12.10%、7.25%和 5.92%；NO_x 排放对区域大气污染贡献占比较高的城市为临汾、吕梁和晋中，分别为 19.35%、11.86%和 10.08%；$PM_{2.5}$ 排放对区域大气污染贡献占比较高的城市为临汾、晋中和吕梁，分别为 4.00%、2.40%和 1.94%（见表 4-6）。

表 4-6 历史情景下我国钢铁企业排放对汾渭平原各城市主要大气污染物的浓度贡献比 单位：%

城市	$PM_{2.5}$冬季	$PM_{2.5}$夏季	SO_2冬季	SO_2夏季	NO_x冬季	NO_x夏季
吕梁	1.94	7.32	7.25	15.61	11.86	21.02
晋中	2.4	5.23	3.98	6.06	10.08	10.69
临汾	4	9.09	12.1	21.28	19.35	25.06
运城	1.21	4.18	4.1	8.54	8.12	8.58
洛阳	1.24	3.19	5.92	5.95	5.72	3.78
三门峡	1.2	4.22	4.9	8.09	7.83	6.58
西安	0.33	1.94	0.53	1.4	1.12	0.89
宝鸡	0.53	2.72	1.27	1.69	1.72	0.33
渭南	0.45	2.9	1.28	3.09	2.63	2.36
咸阳	0.36	2.16	0.65	1.67	1.33	0.99
铜川	0.57	4.13	1.55	4.13	3.34	4.08
区域最高	4	9.09	12.1	21.28	19.35	25.06

我国钢铁行业的夏季SO_2排放对区域大气污染贡献占比较高的城市为临汾、吕梁和运城，分别为21.28%、15.61%和8.54%；NO_x排放对区域大气污染贡献占比较高的城市为临汾、吕梁和晋中，分别为25.06%、21.02%和10.69%；$PM_{2.5}$排放对区域大气污染贡献占比较高的城市为临汾、吕梁和晋中，分别为9.09%、7.32%和5.23%。2012年，我国钢铁行业对汾渭平原区域污染物浓度贡献较大的是SO_2、NO_x，因此我国需加强对钢铁企业SO_2、NO_x等前体污染物的控制；钢铁行业大气污染物浓度贡献占比较高的区域主要集中在以临汾、吕梁为中心的区域。

（3）2012年我国钢铁行业排放对长三角各城市大气环境影响分析

我国钢铁行业的夏季SO_2排放对区域大气污染贡献占比较高的城市为衢州、南通和连云港，分别为54.98%、40.01%和34.22%；NO_x排放对区域大气污染贡献占比较高的城市为衢州、连云港和南通，分别为30.46%、22.42%和18.60%；$PM_{2.5}$排放对区域大气污染贡献占比较高的城市为衢州、南通和南京，分别为18.62%、11.60%和9.60%（见表4-7）。

表 4-7 历史情景下我国钢铁企业排放对长三角各城市主要大气污染物的浓度贡献比 单位：%

城市	$PM_{2.5}$冬季	$PM_{2.5}$夏季	SO_2冬季	SO_2夏季	NO_x冬季	NO_x夏季
上海	5.52	7.84	16.94	10.81	15.84	11.04
南京	5.48	9.6	34.69	34.03	16.07	16.17
无锡	6.1	7.34	33.9	25.84	15.24	9.76
徐州	1.14	4.6	9.26	10.03	5.67	3.8
常州	3.87	8.46	23.54	26.06	10.75	10.61
苏州	4.77	3.14	24.34	7.69	12.35	4.11

城市	$PM_{2.5}$ 冬季	$PM_{2.5}$ 夏季	SO_2 冬季	SO_2 夏季	NO_x 冬季	NO_x 夏季
南通	4.58	11.6	42.5	40.01	20.51	18.6
连云港	2.87	7.82	26.09	34.22	19.07	22.42
淮安	2.28	7.09	25.04	27.73	12.82	12.05
盐城	1.09	4.61	10.14	13.15	7.62	6.76
扬州	1.37	5.3	11.54	15.98	7.39	7.77
镇江	1.19	5.64	7.71	15.83	4.97	7.48
泰州	1.01	5.62	8.48	17.54	5.91	8.71
宿迁	1.17	5.09	10.83	13.45	8.34	5.81
杭州	2.96	4.52	14.57	11.19	9.25	6.55
宁波	2.82	1.75	11.73	1.6	9.14	0.45
嘉兴	2.77	2.4	11.87	4.33	7.59	2.92
湖州	2.69	2.52	17.83	6.34	9.24	3.37
绍兴	2.21	1.62	12.06	3.31	7.8	1.92
金华	1.38	2.19	7.55	4.84	5.58	2.43
舟山	2.46	1.55	13.74	1.7	12.35	0.67
台州	1.65	1.46	9.05	1.69	7	0.35
温州	1.39	1.17	7.56	0.92	6.1	0.34
衢州	3.68	18.62	34.77	54.98	16.39	30.46
丽水	1.33	1.83	9.2	3.47	6.62	0.97
合肥	0.9	2.87	9.68	8.18	6.56	3.41
芜湖	2.94	5.16	23.52	23.01	13.17	9.72
蚌埠	0.64	4.14	7.26	10.89	5.56	4.38
淮南	0.47	3.31	4.7	7.19	3.52	2.05
马鞍山	4.33	6.57	29.65	25.41	17.02	14.15
淮北	0.71	3.97	5.79	6.47	4.26	2
铜陵	1.94	5.04	16.96	18.86	9.45	9.04
安庆	0.96	3.5	12.49	12.08	8.22	4.11
黄山	0.96	2.33	12.55	11.14	8.8	5.63
阜阳	0.44	3.73	5.52	9.38	3.93	2.3
宿州	0.65	4.28	6.12	8.88	4.47	2.58
滁州	2.04	6.43	22.61	26.92	10.83	12.44
六安	0.55	3.64	6.33	10.08	4.33	2.96
宣城	1.92	3.44	20.34	15.14	10.49	5.18
池州	1.48	3.61	15.74	13.36	9.23	5.33
亳州	0.6	3.73	5.45	7.99	4.83	2.13
区域最高	6.1	18.62	42.5	54.98	20.51	30.46

我国钢铁行业的冬季 SO_2 排放对区域大气污染贡献占比较高的城市为南通、衢州和南京，分别为 42.50%、34.77%和 34.69%；NO_x 排放对区域大气污染贡献占比较高的城市为南通、连云港和马鞍山，分别为 20.51%、19.07%和 17.02%；$PM_{2.5}$ 排放对区域大气污染贡献占比较高的城市为无锡、上海和南京，分别为 6.10%、5.52%和 5.48%。

2012 年，我国钢铁行业对长三角区域污染物浓度贡献较大的是 SO_2 和 NO_x，因此需加强对钢铁企业 SO_2 和 NO_x 等前体污染物的控制；钢铁行业大气污染物浓度贡献占比较高的区域主要集中在以衢州、南通和南京等为中心的区域。

对比 3 个区域，“2+26”城市由于钢铁企业密集，粗钢产量大，作为我国钢铁企业的主要聚集区，钢铁行业排放对“2+26”城市的贡献占比较大，长三角区域和汾渭平原次之。

4.4 2015 年（新建标准执行情景下）钢铁行业大气环境影响分析

4.4.1 2015 年钢铁行业排放对各省大气环境影响分析

我国钢铁行业对各省（区、市）SO_2、NO_x 和 $PM_{2.5}$ 年均浓度贡献占比平均值分别为 3.71%、3.84%和 1.90%，说明 2015 年钢铁行业对区域污染物浓度贡献最大的是 NO_x（见表 4-8）。与 2012 年（SO_2、NO_x 和 $PM_{2.5}$ 年均浓度贡献占比平均值分别为 13.73%、9.50%和 4.13%）相比，2015 年钢铁行业对各省（区、市）SO_2、NO_x 和 $PM_{2.5}$ 年均浓度贡献占比平均值大幅度降低（分别减少了 10.02 个、5.66 个和 2.23 个百分点），说明排放标准加严情况下，钢铁行业大气污染控制力度加强，污染物排放水平下降。从各省（区、市）主要大气污染物浓度贡献占比来看，我国钢铁行业对河北、辽宁等省（区、市）主要大气污染物浓度贡献占比较大，其中钢铁企业排放 SO_2 对区域大气污染贡献占比较高的省（区、市）为河北、安徽和辽宁，分别为 8.80%、8.01%和 7.75%；NO_x 排放对区域大气污染贡献占比较高的省（区、市）为湖北、河北和广西，分别为 10.78%、9.88%和 7.88%；$PM_{2.5}$ 排放对区域大气污染贡献占比较高的省（区、市）为河北、上海和江苏，分别为 4.07%、3.93%和 3.50%。

钢铁行业排放大气污染物年均贡献浓度与 2015 年我国钢铁排放清单分布较为一致，京津冀及周边地区（“2+26”城市）、汾渭平原和长三角等年均贡献浓度较高（粗钢占比大）。2015 年我国钢铁行业排放对北京大气污染物 SO_2、NO_x 和 $PM_{2.5}$ 年均浓度贡献占比平均值分别为 3.42%、2.25%和 1.59%，与 2012 年相比，2015 年钢铁行业对北京的 SO_2、NO_x 和 $PM_{2.5}$ 年均浓度贡献占比分别减少了 13.25 个、4.85 个和 2.24 个百分点（2015 年我国钢铁行业排放大气污染物年均贡献浓度分布图，可见论文《我国钢铁行业大气环境影响研究》）。

表 4-8　新建标准执行情景下我国钢铁企业排放对各省主要大气污染物年均浓度贡献比　单位：%

省（区、市）	SO_2	NO_x	$PM_{2.5}$
北京	3.42	2.25	1.59
天津	4.46	5.29	3.08
上海	4.50	6.06	3.93
重庆	0.53	0.84	0.59
河北	8.80	9.88	4.07
吉林	2.32	1.66	1.43
黑龙江	1.34	0.89	0.91
辽宁	7.75	5.64	3.32
内蒙古	2.60	3.14	2.32
山西	2.85	4.11	2.21
陕西	0.52	0.76	0.60
河南	2.92	3.01	1.68
西藏	0.27	0.00	0.25
甘肃	2.76	5.99	1.48
青海	2.70	2.18	1.20
宁夏	0.15	0.27	0.44
新疆	6.86	2.70	2.69
山东	2.82	3.54	1.99
安徽	8.01	5.67	2.28
湖北	6.70	10.78	2.75
湖南	3.07	3.96	1.74
江苏	7.62	6.72	3.50
浙江	4.19	2.74	2.08
江西	7.67	7.32	2.71
福建	5.16	4.84	2.04
广东	1.62	1.34	1.46
广西	5.45	7.88	2.24
贵州	1.05	1.95	0.72
四川	2.30	1.60	0.76
海南	2.35	2.17	1.53
云南	2.33	3.80	1.19
全国平均	3.71	3.84	1.90

与 2012 年相比，2015 年钢铁行业对各省（区、市）SO_2、NO_x和 $PM_{2.5}$年均浓度贡献占比平均值总体大幅度降低，其中 SO_2 降幅最大，这主要是由于 2015 年我国钢铁新建排放标准执行后，钢铁企业加强大气污染物减排力度。安装脱硫设施的钢铁烧结机面积由 2.9 万 m^2 增加到 13.8 万 m^2，安装率由 19%增加到 88%，促使脱硫比例增高。

4.4.2 2015 年钢铁行业排放对重点区域大气环境影响分析

（1）2015 年我国钢铁行业排放对“2+26”城市大气环境影响分析

从各城市主要大气污染物浓度贡献占比来看，我国钢铁行业对唐山、邯郸和安阳等城市主要大气污染物浓度贡献占比较大，其中钢铁企业冬季排放 SO_2、NO_x 和 $PM_{2.5}$ 对区域大气污染贡献占比较高的城市为唐山、邯郸和安阳，SO_2 贡献占比分别为 18.90%、15.29% 和 9.34%，NO_x 贡献占比分别为 23.52%、19.74%和 12.48%，$PM_{2.5}$ 贡献占比分别为 8.60%、4.20%和 3.15%（见表 4-9）。

表 4-9 新建标准执行情景下我国钢铁企业排放对“2+26”城市主要大气污染物的浓度贡献比 单位：%

城市	$PM_{2.5}$ 冬季	$PM_{2.5}$ 夏季	SO_2 冬季	SO_2 夏季	NO_x 冬季	NO_x 夏季
北京	0.6	2.61	1.63	4.88	1.42	3.6
天津	1.54	3.6	2.66	4.48	3.73	5.08
石家庄	0.99	2.39	1.88	2.7	2.72	2.68
唐山	8.6	11.36	18.9	20.13	23.52	23.16
廊坊	1.07	3.35	2.5	4.93	3.51	5.27
保定	0.36	1.97	0.74	1.59	1.42	1.34
沧州	0.69	2.42	1.51	2.34	2.65	2.5
衡水	0.53	2.04	1.21	1.45	2.3	1.26
邢台	1.71	4.59	5.65	10.06	9.53	13.59
邯郸	4.2	7.86	15.29	19.8	19.74	22.42
太原	3.14	4.11	4.6	5.89	7.72	7.69
阳泉	0.87	1.74	0.72	0.85	2.22	1.81
长治	1.3	2.43	2.25	2.98	4.39	3.81
晋城	1.54	2.72	2.65	3.6	5.1	4.9
济南	2.01	4.14	4.67	5.73	6.45	6.99
淄博	1.65	2.79	3.16	2.78	4.64	3.65
济宁	0.57	1.77	1.09	0.87	2.05	0.85
德州	0.65	2.37	1.5	2.27	2.77	2.34
聊城	0.78	2.18	1.6	1.55	2.83	1.75
滨州	1.17	2.4	2.44	2.27	3.98	3.03
菏泽	0.51	1.89	1.19	1.11	2.09	0.36
郑州	0.54	1.23	1.04	0.65	1.46	0.37
开封	0.65	1.79	1.51	1.18	2.34	0.54
安阳	3.15	5.76	9.34	12.14	12.48	13.81
鹤壁	2.4	4.07	6.77	7.91	8.79	8.44
新乡	0.93	1.99	2.32	1.75	3.4	1.15
焦作	0.96	2.02	2.11	2.06	3.15	1.44
濮阳	0.93	2.37	2.86	2.71	4.41	2.34
区域最高	8.6	11.36	18.9	20.13	23.52	23.16

我国钢铁行业的夏季 SO_2 排放对区域大气污染贡献占比较高的城市为唐山、邯郸和安阳，分别为 20.13%、19.80%和 12.14%；NO_x 排放对区域大气污染贡献占比较高的城市为唐山、邯郸和安阳，分别为 23.16%、22.42%和 13.81%；$PM_{2.5}$ 排放对区域大气污染贡献占比较高的城市为唐山、邯郸和安阳，分别为 11.36%、7.86%和 5.76%。

与 2012 年相比，2015 年钢铁行业对“2+26”城市 SO_2、NO_x 和 $PM_{2.5}$ 年均浓度贡献占比平均值总体大幅度降低，且 SO_2 降幅较明显。我国钢铁行业对“2+26”城市污染物浓度贡献最大的是 NO_x，因此需加强对钢铁企业 NO_x 这类前体污染物的控制。此外，钢铁行业大气污染物浓度贡献占比较高的区域主要集中在以唐山、邯郸和安阳为中心的区域，这是因为唐山（占河北省总产量的 48.51%）、邯郸（占河北省总产量的 19.78%）和安阳（占河南省总产量的 64.59%）粗钢产量占比大。

（2）2015 年我国钢铁行业排放对汾渭平原城市大气环境影响分析

从各城市主要大气污染物浓度贡献占比来看，我国钢铁行业对临汾市等城市主要大气污染物浓度贡献占比较大，其中冬季 SO_2 排放对区域大气污染贡献占比较高的城市为临汾、吕梁和晋中，分别为 2.55%、2.25%和 2.18%；NO_x 排放对区域大气污染贡献占比较高的城市为吕梁、临汾和晋中，分别为 5.27%、4.68%和 3.98%；$PM_{2.5}$ 排放对区域大气污染贡献占比较高的城市为晋中、临汾和吕梁，分别为 1.64%、1.57%和 1.37%（见表 4-10）。

表 4-10 新建标准执行情景下我国钢铁企业排放对汾渭平原各城市大气污染物浓度贡献比 单位：%

城市	$PM_{2.5}$ 冬季	$PM_{2.5}$ 夏季	SO_2 冬季	SO_2 夏季	NO_x 冬季	NO_x 夏季
吕梁	1.37	3.13	2.25	4.87	5.27	9.56
晋中	1.64	2.65	2.18	2.98	3.98	4.14
临汾	1.57	3.02	2.55	4.66	4.68	5.38
运城	0.49	1.28	0.6	0.97	1.95	0.79
洛阳	0.66	1.44	1.3	1.07	1.84	0.86
三门峡	0.52	1.39	0.72	0.86	1.91	0.36
西安	0.2	0.39	0.13	0.12	0.36	0.1
宝鸡	0.35	0.64	0.34	0.24	0.72	0.11
渭南	0.26	0.6	0.24	0.22	0.75	0
咸阳	0.21	0.41	0.15	0.12	0.43	0.07
铜川	0.36	0.73	0.36	0.19	1.19	0
区域最高	1.64	3.13	2.55	4.87	5.27	9.56

我国钢铁行业的夏季 SO_2 排放对区域大气污染贡献占比较高的城市为吕梁、临汾和晋中，分别为 4.87%、4.66%和 2.98%；NO_x 排放对区域大气污染贡献占比较高的城市为吕梁、临汾和晋中，分别为 9.56%、5.38%和 4.14%；$PM_{2.5}$ 排放对区域大气污染贡献占比较高的

城市为吕梁、临汾和晋中，分别为 3.13%、3.02%和 2.65%。

2015 年，我国钢铁行业对汾渭平原区域污染物浓度贡献较大的是 NO_x，因此需加强对钢铁企业 NO_x 这类前体污染物的控制。此外，钢铁行业大气污染物浓度贡献占比较高的区域主要集中在以临汾和吕梁为中心的区域。

（3）2015 年我国钢铁行业排放对长三角城市大气环境影响分析

从各城市主要大气污染物浓度贡献占比来看，我国钢铁行业对南通、衢州和连云港等城市主要大气污染物浓度贡献占比较大。其中冬季 SO_2 排放对区域大气污染贡献占比较高的城市为马鞍山、宁波和衢州，分别为 29.58%、20.68%和 20.39%；NO_x 排放对区域大气污染贡献占比较高的城市为马鞍山、南通和南京，分别为 20.20%、13.07%和 11.39%；$PM_{2.5}$ 排放对区域大气污染贡献占比较高的城市为马鞍山、南通和衢州，分别为 5.01%、3.37%和 2.99%（见表 4-11）。

表 4-11 新建标准执行情景下我国钢铁企业排放对长三角主要大气污染物浓度贡献比 单位：%

城市	$PM_{2.5}$ 冬季	$PM_{2.5}$ 夏季	SO_2 冬季	SO_2 夏季	NO_x 冬季	NO_x 夏季
上海	0.60	6.16	5.92	5.70	8.30	7.87
南京	1.54	6.92	15.62	16.83	11.39	11.81
无锡	2.70	4.54	8.02	7.86	7.37	6.89
徐州	0.65	2.23	1.73	1.99	2.34	1.77
常州	2.23	5.06	7.50	9.24	6.68	7.66
苏州	2.05	2.50	4.64	2.82	4.84	3.10
南通	3.37	6.75	17.08	17.22	13.07	12.33
连云港	1.22	5.21	4.58	8.15	5.78	10.24
淮安	1.27	3.86	6.55	8.39	6.15	6.03
盐城	0.81	2.81	2.91	2.52	3.78	1.99
扬州	1.22	3.18	4.59	5.20	4.82	4.51
镇江	1.29	3.42	4.11	5.03	4.40	4.68
泰州	1.14	3.24	4.04	4.47	4.58	4.24
宿迁	0.68	2.65	2.58	3.33	3.23	2.16
杭州	1.53	2.70	5.77	5.55	3.57	2.57
宁波	2.98	7.73	20.68	35.64	9.61	12.40
嘉兴	1.32	2.06	2.54	1.70	3.17	1.91
湖州	1.22	2.19	3.70	2.53	3.69	2.41
绍兴	1.13	1.58	3.37	1.40	3.06	0.92
金华	0.88	1.83	2.10	1.44	2.40	0.98
舟山	1.74	3.30	9.04	11.62	6.86	4.45
台州	0.94	1.49	2.67	1.24	3.02	0.30
温州	0.78	1.00	1.87	0.44	2.23	0.24

城市	$PM_{2.5}$冬季	$PM_{2.5}$夏季	SO_2冬季	SO_2夏季	NO_x冬季	NO_x夏季
淮北	0.47	1.92	1.27	1.37	1.72	0.62
马鞍山	5.01	9.29	29.58	33.89	20.20	21.49
衢州	2.99	5.59	20.39	21.95	9.34	9.73
丽水	0.87	1.49	2.76	1.74	3.12	1.11
合肥	0.59	2.36	2.73	4.88	2.68	3.70
芜湖	2.19	4.09	13.01	13.63	9.78	9.03
蚌埠	0.56	2.49	2.24	3.91	2.64	2.19
铜陵	1.13	2.86	7.86	10.59	5.39	6.05
安庆	0.72	2.52	4.18	5.87	4.03	3.59
黄山	0.72	2.01	4.10	3.98	4.50	2.18
阜阳	0.37	2.04	1.42	2.58	1.54	0.58
宿州	0.48	2.15	1.44	2.11	1.81	0.81
滁州	1.71	4.70	9.01	12.04	7.25	8.77
六安	0.44	2.35	1.92	4.35	1.91	2.63
宣城	1.33	2.62	7.99	6.29	6.38	4.13
池州	1.04	2.74	7.56	9.83	5.62	6.06
亳州	0.44	2.01	1.31	1.66	1.81	0.22
区域最高	5.01	9.29	29.58	35.64	20.20	21.49

我国钢铁行业的夏季 SO_2 排放对区域大气污染贡献占比较高的城市为宁波、马鞍山和衢州，分别为 35.64%、33.89%和 21.95%；NO_x 排放对区域大气污染贡献占比较高的城市为马鞍山、宁波和南通，分别为 21.49%、12.40%和 12.33%；$PM_{2.5}$ 排放对区域大气污染贡献占比较高的城市为马鞍山、宁波和南京，分别为 9.29%、7.73%和 6.92%。

2015 年，我国钢铁行业对长三角区域污染物浓度贡献较大的是 SO_2 和 NO_x，需加强对钢铁企业 SO_2 和 NO_x 等前体物控制；钢铁行业大气污染物浓度贡献占比较高的区域主要集中在以衢州、南通和马鞍山等为中心的区域。应重点关注该部分区域污染物控制。

4.5　2018 年（现状情景下）钢铁行业大气环境影响分析

4.5.1　2018 年钢铁行业排放对各省大气环境影响分析

我国钢铁行业对各省（区、市）SO_2、NO_x 和 $PM_{2.5}$ 年均浓度贡献占比平均值分别为 2.85%、3.37%和 1.54%，说明 2018 年钢铁行业对区域污染物浓度贡献最大的是 NO_x。与 2015 年（SO_2、NO_x 和 $PM_{2.5}$ 年均浓度贡献占比平均值分别为 3.71%、3.84%和 1.90%）相比，2018 年钢铁行业对各省（区、市）SO_2、NO_x 和 $PM_{2.5}$ 年均浓度贡献占比平均值分别减少了0.86%、0.47%和0.36%（见表4-12）。

表4-12 现状情景下我国钢铁企业排放对各省主要大气污染物年均浓度贡献比 单位：%

省（区、市）	SO_2	NO_x	$PM_{2.5}$
北京	2.17	1.66	1.25
天津	3.10	4.25	2.17
上海	2.07	2.74	2.72
重庆	0.41	1.07	0.63
河北	5.31	6.93	2.80
吉林	2.36	1.93	1.45
黑龙江	1.10	0.72	0.76
辽宁	6.67	5.88	2.99
内蒙古	4.18	3.56	1.95
山西	1.73	4.25	1.69
陕西	0.52	0.77	0.65
河南	1.96	2.21	1.30
西藏	0.04	0.00	0.11
甘肃	1.83	1.67	1.11
青海	2.40	2.46	1.15
宁夏	0.89	1.97	1.04
新疆	4.62	3.31	2.33
山东	1.83	3.14	1.44
安徽	5.26	4.10	1.71
湖北	4.30	7.05	1.94
湖南	1.92	3.23	1.48
江苏	5.98	5.12	2.68
浙江	1.77	1.80	1.41
江西	4.84	7.38	2.09
福建	3.32	5.01	1.73
广东	1.26	1.58	1.15
广西	10.32	8.30	1.94
贵州	0.43	2.01	0.72
四川	1.68	1.80	0.77
海南	1.69	2.90	1.19
云南	2.39	5.64	1.48
全国平均	2.85	3.37	1.54

从各省（区、市）主要大气污染物浓度贡献占比来看，我国钢铁行业对河北、辽宁等省（区、市）主要大气污染物浓度贡献占比较大，其中钢铁企业 SO_2 排放对区域大气污染贡献占比较高的省（区、市）为广西、辽宁和江苏，分别为 10.32%、6.67%和 5.98%；NO_x 排放对区域大气污染贡献占比较高的省（区、市）为广西、江西和湖北，分别为 8.30%、7.38%和 7.05%；$PM_{2.5}$ 排放对区域大气污染贡献占比较高的省（区、市）为辽宁、河北和上海，分别为 2.99%、2.80%和 2.72%。

从分布情况来看，钢铁行业排放大气污染物年均贡献浓度与 2018 年我国钢铁排放清单分布较为一致，京津冀及周边地区（“2+26”城市）年均贡献浓度较高。2018 年我国钢铁行业排放对北京大气污染物 SO_2、NO_x 和 $PM_{2.5}$ 年均浓度贡献占比平均值分别为 2.17%、1.66%和 1.25%（2018 年我国钢铁行业排放大气污染物年均贡献浓度分布图，可见论文《中国钢铁行业排放清单及大气环境影响研究》）。

与 2015 年相比，2018 年钢铁行业对各省（区、市）SO_2、NO_x 和 $PM_{2.5}$ 年均浓度贡献占比平均值总体下降，各项污染物贡献占比降幅不大。

4.5.2　2018 年钢铁行业排放对重点区域大气环境影响分析

（1）2018 年钢铁行业排放对“2+26”城市大气环境影响分析

从各城市主要大气污染物浓度贡献占比来看，我国钢铁行业对唐山、邯郸和安阳等城市主要大气污染物浓度贡献占比较大（见表 4-13）。其中钢铁企业的冬季 SO_2 排放对区域大气污染贡献占比较高的城市为唐山、邯郸和安阳，分别为 9.12%、8.00%和 5.10%；NO_x 排放对区域大气污染贡献占比较高的城市为唐山、邯郸和安阳，贡献占比分别为 14.31%和 11.12%和 7.29%；$PM_{2.5}$ 排放对区域大气污染贡献占比较高的城市为唐山、邯郸和太原，分别为 4.74%、2.25%和 1.85%。

我国钢铁行业的夏季 SO_2 排放对区域大气污染贡献占比较高的城市为邯郸、唐山和安阳，分别为 12.73%、11.71%和 9.42%；NO_x 排放对区域大气污染贡献占比较高的城市为唐山、邯郸和安阳，分别为 16.92%、14.40%和 10.41%；$PM_{2.5}$ 排放对区域大气污染贡献占比较高的城市为唐山、邯郸和安阳，分别为 8.36%、5.27%和 4.42%。与 2015 年相比，2018 年钢铁行业对“2+26”城市 SO_2、NO_x 和 $PM_{2.5}$ 年均浓度贡献占比平均值总体有一定幅度降低。2018 年，我国钢铁行业对“2+26”城市污染物浓度贡献最大的是 NO_x，因此需加强对钢铁企业 NO_x 这类前体污染物的控制。此外，钢铁行业大气污染物浓度贡献占比较高的区域主要集中在以唐山、邯郸和安阳为中心的区域，这是因为唐山（占河北省总产量的 52.84%）、邯郸（占河北省总产量的 18.65%）和安阳（占河南省总产量的 49.94%）粗钢产量占比大。另外，2018 年全国 169 个重点城市空气质量排名中，唐山为倒数第 4 位，邯郸、安阳并列倒数第 5 位，说明未来应着重控制该部分城市的钢铁行业，加严排放控制水平，制订区域产能调控方案，提出区域产能控制目标和布局调整措施，有效控制该地区的钢铁大气污染排放贡献。

表 4-13　现状情景下我国钢铁企业排放对“2+26”城市主要大气污染物的浓度贡献比　　单位：%

城市	$PM_{2.5}$冬季	$PM_{2.5}$夏季	SO_2冬季	SO_2夏季	NO_x冬季	NO_x夏季
北京	0.35	1.56	0.9	2.88	0.82	2.22
天津	0.79	2.5	1.46	3.36	2.18	4.42
石家庄	1.34	2.67	2.87	4.13	4.5	5.44
唐山	4.74	8.36	9.12	11.71	14.31	16.92
廊坊	0.5	2.25	1.22	3.29	1.66	4.01
保定	0.22	1.34	0.43	1.19	0.84	1.08
沧州	0.37	1.63	0.76	2.06	1.47	3.15
衡水	0.38	1.37	0.86	1.19	1.77	1.42
邢台	0.75	3.06	2.38	7.12	3.9	8.59
邯郸	2.25	5.27	8	12.73	11.12	14.4
太原	1.85	3.25	2.11	3.44	6.36	8.13
阳泉	0.48	1.22	0.31	0.55	1.4	1.32
长治	0.95	1.97	1.6	2.6	4.23	4.68
晋城	0.88	2.07	1.27	2.43	4.23	5.66
济南	0.47	1.87	0.8	2.16	1.98	3.48
淄博	0.76	2	1.51	2.25	3	3.72
济宁	0.33	1.37	0.62	0.8	1.49	0.75
德州	0.33	1.5	0.73	1.98	1.68	3.19
聊城	0.42	1.26	0.85	1.2	2.02	2.08
滨州	0.49	1.79	0.97	1.79	2.06	3.13
菏泽	0.32	1.06	0.72	1.06	1.49	0.71
郑州	0.37	0.81	0.67	0.68	1.16	0.56
开封	0.4	1.11	0.86	1.15	1.56	0.81
安阳	1.71	4.42	5.1	9.42	7.29	10.41
鹤壁	1.31	2.92	3.82	6.12	5.57	6.55
新乡	0.56	1.28	1.35	1.44	2.33	1.26
焦作	0.59	1.33	1.12	1.41	2.44	1.33
濮阳	0.53	1.25	1.64	1.77	2.73	1.57
区域最高	4.74	8.36	9.12	12.73	14.31	16.92

（2）2018 年钢铁行业排放对汾渭平原城市大气环境影响分析

从各城市主要大气污染物浓度贡献占比来看，我国钢铁行业对临汾市等城市主要大气污染物浓度贡献占比较大，其中冬季 SO_2 排放对区域大气污染贡献占比较高的城市为临汾、晋中和吕梁，分别为 1.41%、1.07%和 0.98%；NO_x 排放对区域大气污染贡献占比较高的城市为临汾、吕梁和晋中，分别为 4.96%、4.64%和 3.42%；$PM_{2.5}$ 排放对区域大气污染贡献占比较高的城市为临汾、晋中和吕梁，分别为 1.03%、1.03%和 0.86%（见表 4-14）。

表 4-14 现状情景下我国钢铁企业排放对汾渭平原各城市大气污染物的浓度贡献比 单位：%

城市	$PM_{2.5}$ 冬季	$PM_{2.5}$ 夏季	SO_2 冬季	SO_2 夏季	NO_x 冬季	NO_x 夏季
吕梁	0.86	2.45	0.98	2.68	4.64	10.22
晋中	1.03	2.04	1.07	1.78	3.42	4.24
临汾	1.03	2.66	1.41	3.50	4.96	7.96
运城	0.44	1.38	0.48	1.45	2.37	2.71
洛阳	0.46	0.97	0.76	0.78	1.69	1.01
三门峡	0.45	1.41	0.58	1.26	2.23	1.87
西安	0.17	0.46	0.12	0.17	0.41	0.18
宝鸡	0.25	0.72	0.25	0.34	0.68	0.18
渭南	0.21	0.74	0.20	0.39	0.77	0.27
咸阳	0.18	0.48	0.14	0.19	0.51	0.13
铜川	0.32	0.84	0.37	0.40	1.55	0.16
区域最高	1.03	2.66	1.41	3.50	4.96	10.22

我国钢铁行业的夏季 SO_2 排放对区域大气污染贡献占比较高的城市为临汾、吕梁和晋中，分别为 3.50%、2.68%和 1.78%；NO_x 排放对区域大气污染贡献占比较高的城市为吕梁、临汾和晋中，分别为 10.22%、7.96%和 4.24%；$PM_{2.5}$ 排放对区域大气污染贡献占比较高的城市为临汾、吕梁和晋中，分别为 2.66%、2.45%和 2.04%。

2018 年，我国钢铁行业对汾渭平原区域污染物浓度贡献较大的是 NO_x，因此，需加强对钢铁企业 NO_x 这类前体污染物的控制。此外，钢铁行业大气污染物浓度贡献占比较高的区域主要集中在以临汾和吕梁为中心的区域。

（3）2018 年钢铁行业排放对长三角城市大气环境影响分析

从各城市主要大气污染物浓度贡献占比来看，我国钢铁行业对马鞍山等城市主要大气污染物浓度贡献占比较大，其中冬季 SO_2 排放对区域大气污染贡献占比较高的城市为马鞍山、南通和芜湖，分别为 15.92%、10.25%和 8.10%；NO_x 排放对区域大气污染贡献占比较高的城市为马鞍山、南通和芜湖，分别为 12.20%、8.08%和 7.47%；$PM_{2.5}$ 排放对区域大气污染贡献占比较高的城市为马鞍山、上海和宁波，分别为 3.16%、2.35%和 2.14%（见表 4-15）。

表 4-15 现状情景下我国钢铁企业排放对长三角各城市大气污染物的浓度贡献比 单位：%

城市	$PM_{2.5}$冬季	$PM_{2.5}$夏季	SO_2冬季	SO_2夏季	NO_x冬季	NO_x夏季
上海	2.35	3.86	2.86	1.94	3.79	2.56
南京	1.95	4.49	8.00	9.45	5.50	6.78
无锡	2.03	2.64	7.27	4.73	6.15	3.71
徐州	0.33	1.94	1.00	2.34	1.30	1.86
常州	1.53	3.57	6.39	6.77	5.24	5.36
苏州	1.55	1.21	3.60	0.89	3.73	0.99
南通	1.82	4.37	10.25	9.91	8.08	7.18
连云港	0.68	3.66	3.48	7.55	5.25	10.62
淮安	0.62	2.74	3.96	6.57	3.78	5.15
盐城	0.49	2.13	1.71	3.35	2.30	3.00
扬州	0.89	3.05	4.31	6.73	4.40	5.59
镇江	0.95	3.25	4.34	6.76	3.74	5.21
泰州	0.73	3.07	3.72	7.07	3.22	5.24
宿迁	0.44	2.23	2.28	3.93	2.48	2.89
杭州	0.75	0.70	1.43	0.56	1.78	0.53
宁波	2.14	8.54	7.17	16.57	7.05	11.98
嘉兴	1.04	0.96	1.69	0.65	2.15	0.69
湖州	1.00	0.84	2.67	0.72	2.92	0.68
绍兴	0.84	0.60	1.67	0.35	2.05	0.40
金华	0.62	0.82	1.21	0.75	1.66	0.78
舟山	1.23	1.25	3.83	3.72	4.44	2.36
台州	0.70	0.43	1.54	0.40	1.98	0.27
温州	0.57	0.42	1.05	0.17	1.38	0.18
衢州	1.46	5.71	5.78	11.12	5.32	10.69
丽水	0.61	0.77	1.58	0.93	1.96	0.67
合肥	0.34	1.18	1.48	2.43	1.69	2.07
芜湖	1.61	2.52	8.10	6.67	7.47	6.22
蚌埠	0.25	2.08	1.07	4.82	1.29	3.93
淮南	0.20	1.46	0.69	2.73	0.87	1.84
马鞍山	3.16	6.05	15.92	16.10	12.20	12.65
淮北	0.31	1.91	1.20	3.20	1.28	2.19
六安	0.26	1.23	1.09	2.37	1.32	1.56

城市	$PM_{2.5}$冬季	$PM_{2.5}$夏季	SO_2冬季	SO_2夏季	NO_x冬季	NO_x夏季
宣城	0.96	1.26	4.42	2.65	4.49	2.05
铜陵	0.87	1.87	4.98	6.16	4.22	4.06
安庆	0.55	1.42	3.09	3.76	3.21	2.20
黄山	0.53	1.03	2.20	2.32	2.74	1.75
阜阳	0.20	1.24	0.77	2.43	1.04	1.21
宿州	0.25	1.99	0.84	3.41	1.05	2.19
滁州	0.80	3.54	4.45	8.29	3.35	6.26
池州	0.81	1.84	5.11	6.62	4.41	4.63
亳州	0.26	1.42	0.74	2.19	1.20	1.08
区域最高	3.16	8.54	15.92	16.57	12.20	12.65

我国钢铁行业的夏季 SO_2 排放对区域大气污染贡献占比较高的城市为宁波、马鞍山和衢州，分别为 16.57%、16.10%和 11.12%；NO_x 排放对区域大气污染贡献占比较高的城市为马鞍山、宁波和衢州，分别为 12.65%、11.98%和 10.69%；$PM_{2.5}$ 排放对区域大气污染贡献占比较高的城市为宁波、马鞍山和衢州，分别为 8.54%、6.05%和 5.71%。2018 年，我国钢铁行业对长三角区域污染物浓度贡献较大的是 SO_2 和 NO_x，因此需加强对 SO_2 和 NO_x 等前体污染物的控制。此外，钢铁行业大气污染物浓度贡献占比较高的区域主要集中在以马鞍山等为中心的区域。

4.6　未来年钢铁行业大气环境影响分析

4.6.1　未来年情景 I 钢铁行业排放对各省大气环境影响分析

我国钢铁行业对各省（区、市）SO_2、NO_x 和 $PM_{2.5}$ 年均浓度贡献占比平均值分别为 1.88%、1.63%和 0.74%，说明未来年钢铁行业对区域污染物浓度贡献最大的是 SO_2。与 2018 年（SO_2、NO_x 和 $PM_{2.5}$ 年均浓度贡献占比平均值分别为 2.72%、3.21%和 1.53%）相比，未来年（情景 I）钢铁行业对各省（区、市）SO_2、NO_x 和 $PM_{2.5}$ 年均浓度贡献占比平均值分别减少了 0.84 个、1.58 个和 0.79 个百分点。从各省（区、市）主要大气污染物浓度贡献占比来看，我国钢铁行业对河北和江苏等省（区、市）主要大气污染物浓度贡献占比较大，其中钢铁企业 SO_2 排放对区域大气污染贡献占比较高的省（区、市）为江苏、河北和安徽，分别为 4.72%、4.58%和 4.11%；NO_x 排放对区域大气污染贡献占比较高的省（区、市）为广西、江西和河北，分别为 3.60%、3.50%和 3.27%；$PM_{2.5}$ 排放对区域大气污染贡献占比较高的省（区、市）为河北、辽宁和江苏，分别为 1.61%、1.49%和 1.29%（见表 4-16）。

表 4-16 未来年情景Ⅰ我国钢铁企业排放对各省主要大气污染物年均浓度贡献比 单位：%

省（区、市）	SO_2	NO_x	$PM_{2.5}$
北京	1.83	0.87	0.55
天津	2.70	1.89	1.15
上海	1.82	1.89	1.24
重庆	0.22	0.63	0.26
河北	4.58	3.27	1.61
吉林	1.47	1.11	0.66
黑龙江	0.75	0.50	0.36
辽宁	3.54	2.58	1.49
内蒙古	2.01	1.65	1.00
山西	1.48	2.41	0.83
陕西	0.40	0.43	0.30
河南	1.48	1.06	0.58
西藏	0.03	0.00	0.05
甘肃	1.30	1.01	0.53
青海	1.74	1.14	0.63
宁夏	0.59	0.69	0.48
新疆	2.71	1.56	1.28
山东	1.42	1.34	0.68
安徽	4.11	2.06	0.73
湖北	2.41	3.06	0.92
湖南	1.24	1.64	0.64
江苏	4.72	2.47	1.29
浙江	1.50	1.02	0.55
江西	3.48	3.50	0.94
福建	3.04	2.39	0.94
广东	0.86	0.80	0.53
广西	2.84	3.60	0.87
贵州	0.32	1.06	0.31
四川	0.81	0.96	0.34
海南	1.33	1.70	0.60
云南	1.60	2.29	0.73
全国平均	1.88	1.63	0.74

钢铁行业排放大气污染物年均贡献浓度与未来年我国钢铁排放清单分布较为一致，京津冀及周边地区（“2+26”城市）年均贡献浓度较高。未来年，我国钢铁行业排放对北京大气污染物 SO_2、NO_x 和 $PM_{2.5}$ 年均浓度贡献占比平均值分别为 1.83%、0.87%和 0.55%（未来年我国钢铁行业排放大气污染物年均贡献浓度分布图，可见论文《中国钢铁行业排

放清单及大气环境影响研究》）。

与 2018 年相比，未来年（情景Ⅰ）钢铁行业对各省（区、市）SO_2、NO_x 和 $PM_{2.5}$ 年均浓度贡献占比平均值总体下降，绝对值不高，但降幅较为明显。

4.6.2　未来年情景Ⅰ钢铁行业排放对重点区域大气环境影响分析

（1）未来年情景Ⅰ钢铁行业排放对“2+26”城市大气环境影响分析

从各城市主要大气污染物浓度贡献占比来看，我国钢铁行业对唐山、邯郸和安阳等城市主要大气污染物浓度贡献占比较大。其中，钢铁企业冬季 SO_2 排放对区域大气污染贡献占比较高的城市为唐山、邯郸和安阳，分别为 8.42%、5.87%和 4.04%；NO_x 排放对区域大气污染贡献占比较高的城市为唐山、邯郸和太原，分别为 7.02%、5.03%和 3.87%；$PM_{2.5}$ 排放对区域大气污染贡献占比较高的城市为唐山、邯郸和安阳，分别为 3.33%、1.45%和 1.01%（见表 4-17）。

表 4-17　未来年情景Ⅰ我国钢铁企业排放对“2+26”城市大气污染物浓度贡献比　单位：%

城市	$PM_{2.5}$ 冬季	$PM_{2.5}$ 夏季	SO_2 冬季	SO_2 夏季	NO_x 冬季	NO_x 夏季
北京	0.20	0.98	0.78	2.47	0.39	1.09
天津	0.47	1.57	1.25	2.92	0.95	2.00
石家庄	0.91	1.73	2.68	3.81	1.90	2.30
唐山	3.33	5.62	8.42	10.87	7.02	8.26
廊坊	0.29	1.31	1.03	2.77	0.72	1.78
保定	0.12	0.67	0.36	0.96	0.40	0.61
沧州	0.20	1.05	0.64	1.71	0.66	1.46
衡水	0.21	0.72	0.73	0.93	0.79	0.74
邢台	0.45	1.85	1.86	5.43	1.78	4.04
邯郸	1.45	3.36	5.87	9.52	5.03	6.80
太原	1.00	1.71	1.95	3.15	3.87	5.05
阳泉	0.23	0.67	0.27	0.45	0.75	0.69
长治	0.49	1.05	1.25	2.01	2.12	2.52
晋城	0.47	1.11	1.04	2.00	2.15	2.79
济南	0.25	1.14	0.67	1.71	0.87	1.62
淄博	0.46	1.22	1.27	1.72	1.16	1.39
济宁	0.15	0.71	0.49	0.58	0.66	0.33
德州	0.18	0.95	0.61	1.58	0.74	1.55
聊城	0.23	0.77	0.69	0.95	0.87	1.00

城市	$PM_{2.5}$冬季	$PM_{2.5}$夏季	SO_2冬季	SO_2夏季	NO_x冬季	NO_x夏季
滨州	0.26	1.11	0.82	1.41	0.84	1.26
菏泽	0.15	0.65	0.57	0.74	0.69	0.41
郑州	0.17	0.42	0.52	0.47	0.51	0.24
开封	0.19	0.59	0.67	0.81	0.72	0.45
安阳	1.01	2.54	4.04	7.61	3.43	5.17
鹤壁	0.75	1.65	2.96	4.70	2.53	3.08
新乡	0.28	0.65	1.05	1.06	1.06	0.65
焦作	0.29	0.66	0.89	1.07	1.11	0.62
濮阳	0.29	0.70	1.29	1.34	1.26	0.85
区域最高	3.33	5.62	8.42	10.87	7.02	8.26

我国钢铁行业的夏季SO_2排放对区域大气污染贡献占比较高的城市为唐山、邯郸和安阳，分别为10.87%、9.52%和7.61%；NO_x排放对区域大气污染贡献占比较高的城市为唐山、邯郸和安阳，分别为8.26%、6.80%和5.17%；$PM_{2.5}$排放对区域大气污染贡献占比较高的城市为唐山、邯郸和安阳，分别为5.62%、3.36%和2.54%。

与2018年相比，未来年情景Ⅰ钢铁行业对“2+26”城市SO_2、NO_x和$PM_{2.5}$年均浓度贡献占比平均值总体有一定幅度降低。在未来年（情景Ⅰ）中，我国钢铁行业对“2+26”城市污染物浓度贡献较大的是SO_2和NO_x，因此需加强对钢铁企业SO_2和NO_x等前体污染物的控制。此外，钢铁行业大气污染物浓度贡献占比较高的区域主要集中在以唐山、邯郸和安阳为中心的区域。

（2）未来年情景Ⅰ钢铁行业排放对汾渭平原城市大气环境影响分析

从各城市主要大气污染物浓度贡献占比来看，我国钢铁行业对临汾市等城市主要大气污染物浓度贡献占比较大（见表4-18）。其中，冬季SO_2排放对区域大气污染贡献占比较高的城市为临汾、晋中和吕梁，分别为1.13%、0.96%和0.83%；NO_x排放对区域大气污染贡献占比较高的城市为临汾、吕梁和晋中，分别为2.66%、2.50%和2.01%；$PM_{2.5}$排放对区域大气污染贡献占比较高的城市为临汾、晋中和吕梁，分别为0.54%、0.54%和0.38%。

我国钢铁行业的夏季SO_2排放对区域大气污染贡献占比较高的城市为临汾、吕梁和晋中，分别为2.76%、2.21%和1.57%；NO_x排放对区域大气污染贡献占比较高的城市为吕梁、临汾和晋中，分别为6.04%、4.48%和2.51%；$PM_{2.5}$排放对区域大气污染贡献占比较高的城市为临汾、吕梁和晋中，分别为1.52%、1.38%和1.09%。在未来年（情景Ⅰ）中，我国钢铁行业对汾渭平原区域污染物浓度贡献较大的是NO_x，因此需加强对钢铁企业NO_x这类前体污染物的控制。此外，钢铁行业大气污染物浓度贡献占比较高的区域主要集中在以临汾、吕梁为中心的区域。

表 4-18　未来年情景 I 我国钢铁企业排放对汾渭平原各城市大气污染物浓度贡献比　　单位：%

城市	$PM_{2.5}$ 冬季	$PM_{2.5}$ 夏季	SO_2 冬季	SO_2 夏季	NO_x 冬季	NO_x 夏季
吕梁	0.38	1.38	0.83	2.21	2.50	6.04
晋中	0.54	1.09	0.96	1.57	2.01	2.51
临汾	0.54	1.52	1.13	2.76	2.66	4.48
运城	0.21	0.79	0.39	1.11	1.07	1.32
洛阳	0.21	0.50	0.61	0.59	0.73	0.36
三门峡	0.20	0.76	0.48	0.95	0.99	0.91
西安	0.06	0.26	0.09	0.13	0.21	0.06
宝鸡	0.08	0.40	0.17	0.29	0.37	0.12
渭南	0.08	0.43	0.15	0.27	0.39	0.22
咸阳	0.06	0.27	0.11	0.14	0.26	0.07
铜川	0.11	0.47	0.28	0.27	0.79	0.24
区域最高	0.54	1.52	1.13	2.76	2.66	6.04

（3）未来年情景 I 钢铁行业排放对长三角城市大气环境影响分析

从各城市主要大气污染物浓度贡献占比来看，我国钢铁行业对马鞍山等城市主要大气污染物浓度贡献占比较大（见表 4-19）。其中，冬季 SO_2 排放对区域大气污染贡献占比较高的城市为马鞍山、南通和芜湖，分别为 12.54%、8.11%和 6.67%；NO_x 排放对区域大气污染贡献占比较高的城市为马鞍山、宁波和南通，分别为 6.06%、3.93%和 3.79%；$PM_{2.5}$ 排放对区域大气污染贡献占比较高的城市为马鞍山、无锡和南京，分别为 1.63%、1.02%和 0.99%。

表 4-19　未来年我国钢铁企业排放对长三角各城市大气污染物的浓度贡献比　　单位：%

城市	$PM_{2.5}$ 冬季	$PM_{2.5}$ 夏季	SO_2 冬季	SO_2 夏季	NO_x 冬季	NO_x 夏季
上海	0.95	1.95	2.48	1.82	2.56	2.04
南京	0.99	2.33	6.46	7.53	3.11	3.69
无锡	1.02	1.46	5.71	3.75	2.82	1.78
徐州	0.13	0.98	0.76	1.74	0.57	0.86
常州	0.74	1.97	5.03	5.38	2.39	2.51
苏州	0.71	0.61	2.84	0.77	1.82	0.67
南通	0.85	2.40	8.11	8.06	3.79	3.60
连云港	0.30	2.14	2.56	5.57	2.10	4.25
淮安	0.24	1.43	2.76	4.67	1.62	2.35
盐城	0.15	1.17	1.30	2.76	1.07	1.61
扬州	0.37	1.63	3.27	5.31	1.88	2.58

城市	$PM_{2.5}$冬季	$PM_{2.5}$夏季	SO_2冬季	SO_2夏季	NO_x冬季	NO_x夏季
镇江	0.41	1.77	3.42	5.46	1.65	2.51
泰州	0.27	1.69	2.97	5.79	1.50	2.69
宿迁	0.18	1.09	1.72	2.93	1.10	1.50
杭州	0.26	0.38	1.12	0.47	0.92	0.30
宁波	0.79	4.78	6.33	15.25	3.93	6.78
嘉兴	0.40	0.53	1.35	0.56	1.14	0.43
湖州	0.36	0.44	2.09	0.61	1.43	0.42
绍兴	0.28	0.33	1.33	0.32	1.09	0.26
金华	0.17	0.45	0.95	0.66	0.90	0.47
舟山	0.44	0.54	3.22	3.40	2.45	1.23
台州	0.22	0.22	1.23	0.36	1.15	0.15
温州	0.18	0.22	0.84	0.16	0.83	0.07
衢州	0.60	3.19	5.13	10.16	2.92	6.01
丽水	0.17	0.47	1.25	0.82	1.15	0.37
合肥	0.11	0.48	1.13	1.93	0.84	1.04
芜湖	0.79	1.34	6.67	5.82	3.52	2.87
蚌埠	0.08	0.87	0.79	3.73	0.63	2.38
淮南	0.06	0.61	0.51	2.11	0.43	1.10
马鞍山	1.63	3.22	12.54	12.73	6.06	6.17
淮北	0.12	0.98	0.88	2.32	0.57	1.06
铜陵	0.38	1.01	3.92	4.79	2.10	2.20
安庆	0.18	0.68	2.37	2.63	1.59	1.16
黄山	0.15	0.57	1.73	1.85	1.47	0.98
阜阳	0.06	0.54	0.56	1.84	0.50	0.83
宿州	0.09	0.96	0.62	2.55	0.49	1.29
滁州	0.35	1.75	3.57	6.59	1.85	3.44
六安	0.07	0.51	0.80	1.85	0.66	0.89
宣城	0.39	0.60	3.65	2.21	2.17	1.12
池州	0.34	1.00	3.99	5.04	2.18	2.31
亳州	0.09	0.72	0.56	1.59	0.57	0.67
区域最高	1.63	4.78	12.54	15.25	6.06	6.78

我国钢铁行业的夏季SO_2排放对区域大气污染贡献占比较高的城市为宁波、马鞍山和衢州，分别为15.25%、12.73%和10.16%；NO_x排放对区域大气污染贡献占比较高的城市为宁波、马鞍山和衢州，分别为6.78%、6.17%和6.01%；$PM_{2.5}$排放对区域大气污染贡献占

比较高的城市为宁波、马鞍山和衢州，分别为 4.78%、3.22%和 3.19%。在未来年（情景 I ）中，我国钢铁行业对长三角区域污染物浓度贡献较大的是 SO_2，因此需加强对钢铁企业 SO_2 这类前体污染物的控制。此外，钢铁行业大气污染物浓度贡献占比较高的区域主要集中在以马鞍山等为中心的区域。

4.6.3　未来年情景 II 钢铁行业排放对各省大气环境影响分析

我国钢铁行业对各省（区、市）SO_2、NO_x 和 $PM_{2.5}$ 年均浓度贡献占比平均值分别为 0.31%、0.22%和 0.02%，说明未来年（情景 II ）钢铁行业对区域污染物浓度贡献最大的是 SO_2。与 2018 年（SO_2、NO_x 和 $PM_{2.5}$ 年均浓度贡献占比平均值分别为 2.72%、3.21%、1.53%）相比，未来年（情景 II ）钢铁行业对各省（区、市）SO_2、NO_x 和 $PM_{2.5}$ 年均浓度贡献占比平均值分别减少了 2.41 个、2.99 个和 1.51 个百分点（见表 4-20）。

从各省（区、市）主要大气污染物浓度贡献占比来看，我国钢铁行业对河北、江苏和广西等省（区、市）主要大气污染物浓度贡献占比较大。其中钢铁企业 SO_2 排放对区域大气污染贡献占比较高的省（区、市）为广西、辽宁和江苏，分别为 1.95%、1.20%和 1.08%；NO_x 排放对区域大气污染贡献占比较高的省（区、市）为广西、江西和湖北，分别为 1.09%、1.00%和 0.89%；$PM_{2.5}$ 排放对区域大气污染贡献占比较高的省（区、市）为广西、辽宁和河北，分别为 0.15%、0.14%和 0.14%。

表 4-20　未来年情景 II 我国钢铁企业排放对各省主要大气污染物年均浓度贡献比　单位：%

省（区、市）	SO_2	NO_x	$PM_{2.5}$
北京	0.38	0.22	0.05
天津	0.54	0.52	0.10
上海	0.37	0.33	0.08
重庆	0.07	0.13	0.04
河北	0.95	0.86	0.14
吉林	0.41	0.24	0.08
黑龙江	0.19	0.10	0.05
辽宁	1.20	0.73	0.14
内蒙古	0.75	0.44	0.12
山西	0.30	0.52	0.08
陕西	0.10	0.10	0.06
河南	0.34	0.27	0.07
西藏	0.01	0.00	0.02
甘肃	0.32	0.21	0.07

省（区、市）	SO_2	NO_x	$PM_{2.5}$
青海	0.42	0.29	0.07
宁夏	0.15	0.23	0.07
新疆	0.82	0.39	0.10
山东	0.32	0.39	0.07
安徽	0.94	0.52	0.07
湖北	0.76	0.89	0.11
湖南	0.33	0.41	0.10
江苏	1.08	0.63	0.12
浙江	0.31	0.23	0.06
江西	0.87	1.00	0.11
福建	0.59	0.64	0.10
广东	0.22	0.20	0.07
广西	1.95	1.09	0.15
贵州	0.08	0.27	0.06
四川	0.30	0.23	0.06
海南	0.29	0.39	0.08
云南	0.43	0.68	0.12
全国平均	0.31	0.22	0.02

未来年（情景Ⅱ）我国钢铁行业排放对北京大气污染物 SO_2、NO_x 和 $PM_{2.5}$ 年均浓度贡献占比平均值分别为 0.38%、0.22%和 0.05%。与所有预测情景相比，未来年（情景Ⅱ）钢铁行业对各省（区、市）SO_2、NO_x 和 $PM_{2.5}$ 年均浓度贡献占比平均值最低（未来年我国钢铁行业排放大气污染物年均贡献浓度分布图，可见论文《中国钢铁行业排放清单及大气环境影响研究》）。

4.6.4 未来年情景Ⅱ钢铁行业排放对重点区域大气环境影响分析

（1）未来年情景Ⅱ钢铁行业排放对“2+26”城市大气环境影响分析

从各城市主要大气污染物浓度贡献占比来看，我国钢铁行业对唐山、邯郸、安阳等城市主要大气污染物浓度贡献占比较大。其中，钢铁企业冬季 SO_2 排放对区域大气污染贡献占比较高的城市为唐山、邯郸和安阳，分别为 1.68%、1.45%和 0.91%；NO_x 排放对区域大气污染贡献占比较高的城市为唐山、邯郸和安阳，分别为 1.89%、1.39%和 0.90%；$PM_{2.5}$ 排放对区域大气污染贡献占比较高的城市为唐山、邯郸和石家庄，分别为 0.25%、0.10%和 0.08%（见表 4-21）。

表 4-21　未来年情景Ⅱ我国钢铁企业排放对“2+26”各城市大气污染物的浓度贡献比　单位：%

城市	$PM_{2.5}$ 冬季	$PM_{2.5}$ 夏季	SO_2 冬季	SO_2 夏季	NO_x 冬季	NO_x 夏季
北京	0.01	0.10	0.16	0.50	0.10	0.29
天津	0.04	0.16	0.25	0.59	0.26	0.56
石家庄	0.08	0.18	0.50	0.73	0.54	0.66
唐山	0.25	0.47	1.68	2.22	1.89	2.29
廊坊	0.02	0.14	0.21	0.57	0.20	0.51
保定	0.01	0.10	0.07	0.20	0.10	0.16
沧州	0.01	0.14	0.13	0.34	0.17	0.43
衡水	0.01	0.09	0.15	0.20	0.21	0.21
邢台	0.03	0.17	0.40	1.28	0.45	1.09
邯郸	0.10	0.27	1.45	2.43	1.39	1.93
太原	0.06	0.15	0.37	0.60	0.76	1.01
阳泉	0.01	0.10	0.05	0.09	0.17	0.17
长治	0.03	0.14	0.28	0.45	0.51	0.60
晋城	0.03	0.13	0.22	0.42	0.51	0.70
济南	0.01	0.12	0.14	0.37	0.24	0.46
淄博	0.02	0.14	0.26	0.36	0.35	0.40
济宁	0.01	0.12	0.11	0.13	0.18	0.09
德州	0.01	0.11	0.13	0.33	0.20	0.46
聊城	0.01	0.10	0.14	0.20	0.24	0.28
滨州	0.01	0.12	0.17	0.30	0.24	0.38
菏泽	0.01	0.12	0.12	0.17	0.18	0.11
郑州	0.01	0.07	0.11	0.11	0.14	0.07
开封	0.01	0.09	0.15	0.19	0.19	0.12
安阳	0.07	0.21	0.91	1.71	0.90	1.31
鹤壁	0.05	0.17	0.67	1.09	0.68	0.82
新乡	0.02	0.10	0.23	0.24	0.28	0.17
焦作	0.02	0.10	0.19	0.24	0.29	0.17
濮阳	0.02	0.10	0.28	0.29	0.33	0.22
区域最高	0.25	0.47	1.68	2.43	1.89	2.29

我国钢铁行业的夏季 SO_2 排放对区域大气污染贡献占比较高的城市为邯郸、唐山和安阳，分别为 2.43%、2.22%和 1.71%；NO_x 排放对区域大气污染贡献占比较高的城市为唐山、邯郸和安阳，分别为 2.29%、1.93%和 1.31%；$PM_{2.5}$ 排放对区域大气污染贡献占比较高的城市为唐山、邯郸和安阳，分别为 0.47%、0.27%和 0.21%。与所有预测情景相比，未来年（情景Ⅱ）钢铁行业对“2+26”城市 SO_2、NO_x 和 $PM_{2.5}$ 年均浓度贡献占比平均值总体大幅度降低。未来年，我国钢铁行业对“2+26”城市污染物浓度贡献最低。

（2）未来年情景Ⅱ钢铁行业排放对汾渭平原城市大气环境影响分析

从各城市主要大气污染物浓度贡献占比来看，我国钢铁行业对临汾等城市主要大气污染物浓度贡献占比较大。其中，冬季 SO_2 排放对区域大气污染贡献占比较高的城市为临汾、晋中和吕梁，分别为 0.24%、0.18%和 0.17%；NO_x 排放对区域大气污染贡献占比较高的城市为临汾、吕梁和晋中，分别为 0.60%、0.57%和 0.41%；$PM_{2.5}$ 排放对区域大气污染贡献占比较高的城市为临汾、晋中和吕梁，分别为 0.04%、0.03%和 0.03%（见表 4-22）。

表 4-22 未来年情景Ⅱ我国钢铁企业排放对汾渭平原各城市大气污染物浓度贡献比 单位：%

城市	$PM_{2.5}$ 冬季	$PM_{2.5}$ 夏季	SO_2 冬季	SO_2 夏季	NO_x 冬季	NO_x 夏季
吕梁	0.03	0.18	0.17	0.45	0.57	1.44
晋中	0.03	0.12	0.18	0.31	0.41	0.51
临汾	0.04	0.17	0.24	0.60	0.60	1.00
运城	0.01	0.12	0.08	0.24	0.28	0.36
洛阳	0.01	0.07	0.13	0.13	0.20	0.11
三门峡	0.01	0.13	0.10	0.21	0.26	0.26
西安	0.01	0.05	0.02	0.03	0.05	0.01
宝鸡	0.01	0.09	0.04	0.07	0.09	0.03
渭南	0.01	0.08	0.03	0.07	0.10	0.05
咸阳	0.01	0.06	0.02	0.03	0.07	0.02
铜川	0.01	0.10	0.06	0.06	0.20	0.06
区域最高	0.04	0.18	0.24	0.60	0.60	1.44

我国钢铁行业的夏季 SO_2 排放对区域大气污染贡献占比较高的城市为临汾、吕梁和运城，分别为 0.60%、0.45%和 0.31%；NO_x 排放对区域大气污染贡献占比较高的城市为吕梁、临汾和晋中，分别为 1.44%、1.00%和 0.51%；$PM_{2.5}$ 排放对区域大气污染贡献占比较高的城市为吕梁、临汾和三门峡，分别为 0.18%、0.17%和 0.13%。与所有预测情景相比，未来年（情景Ⅱ）钢铁行业对汾渭平原 SO_2、NO_x 和 $PM_{2.5}$ 年均浓度贡献占比平均值总体大幅度降低。未来年，我国钢铁行业对汾渭平原区域污染物浓度贡献最低。

（3）未来年情景Ⅱ钢铁行业排放对长三角城市大气环境影响分析

从各城市主要大气污染物浓度贡献占比来看，我国钢铁行业对马鞍山市等城市主要大气污染物浓度贡献占比较大。其中，冬季 SO_2 排放对区域大气污染贡献占比较高的城市为马鞍山、南通和南京，分别为 3.14%、1.86%和 1.49%；NO_x 排放对区域大气污染贡献占比较高的城市为马鞍山、南通和芜湖，分别为 1.56%、1.00%和 0.93%；$PM_{2.5}$ 排放对区域大气污染贡献占比较高的城市为马鞍山、无锡和南京，分别为 0.09%、0.06%和 0.05%，（见表 4-23）。

表 4-23　未来年情景Ⅱ我国钢铁企业排放对长三角各城市大气污染物的浓度贡献比　单位：%

城市	$PM_{2.5}$冬季	$PM_{2.5}$夏季	SO_2冬季	SO_2夏季	NO_x冬季	NO_x夏季
上海	0.04	0.11	0.51	0.35	0.46	0.30
南京	0.05	0.17	1.49	1.77	0.70	0.85
无锡	0.06	0.11	1.32	0.84	0.75	0.44
徐州	0.01	0.15	0.17	0.40	0.16	0.23
常州	0.04	0.16	1.16	1.25	0.64	0.66
苏州	0.03	0.04	0.63	0.15	0.45	0.12
南通	0.05	0.21	1.86	1.80	1.00	0.87
连云港	0.01	0.31	0.61	1.31	0.65	1.37
淮安	0.01	0.18	0.70	1.18	0.47	0.66
盐城	0.00	0.15	0.30	0.58	0.30	0.39
扬州	0.01	0.16	0.76	1.23	0.55	0.71
镇江	0.02	0.17	0.77	1.26	0.46	0.66
泰州	0.01	0.17	0.65	1.30	0.41	0.66
宿迁	0.01	0.16	0.40	0.69	0.31	0.40
杭州	0.01	0.05	0.25	0.10	0.23	0.06
宁波	0.04	0.34	1.27	3.23	0.90	1.55
嘉兴	0.01	0.06	0.29	0.11	0.27	0.09
湖州	0.01	0.06	0.46	0.13	0.36	0.09
绍兴	0.01	0.04	0.29	0.08	0.26	0.04
金华	0.00	0.06	0.21	0.13	0.22	0.10
舟山	0.02	0.01	0.67	0.66	0.57	0.27
台州	0.00	0.03	0.27	0.07	0.28	0.04
温州	0.01	0.03	0.18	0.03	0.20	0.02
衢州	0.02	0.22	1.04	2.07	0.68	1.38
丽水	0.00	0.07	0.28	0.17	0.28	0.09
合肥	0.00	0.05	0.26	0.42	0.22	0.27
芜湖	0.04	0.09	1.47	1.21	0.93	0.78
蚌埠	0.00	0.09	0.18	0.85	0.17	0.58
淮南	0.00	0.08	0.12	0.47	0.11	0.27
马鞍山	0.09	0.21	3.14	3.11	1.56	1.64
淮北	0.00	0.14	0.21	0.55	0.16	0.29
铜陵	0.01	0.09	0.88	1.09	0.52	0.52
安庆	0.00	0.09	0.54	0.66	0.41	0.29
黄山	0.00	0.08	0.38	0.39	0.37	0.23
阜阳	0.00	0.08	0.13	0.42	0.14	0.21
宿州	0.00	0.14	0.14	0.58	0.13	0.33
滁州	0.01	0.12	0.82	1.54	0.43	0.80

城市	$PM_{2.5}$冬季	$PM_{2.5}$夏季	SO_2冬季	SO_2夏季	NO_x冬季	NO_x夏季
六安	0.00	0.06	0.19	0.41	0.17	0.22
宣城	0.01	0.06	0.78	0.46	0.55	0.27
池州	0.01	0.10	0.91	1.18	0.55	0.58
亳州	0.00	0.13	0.13	0.36	0.15	0.18
区域最高	0.09	0.34	3.14	3.23	1.56	1.64

我国钢铁行业的夏季SO_2排放对区域大气污染贡献占比较高的城市为宁波、马鞍山和衢州，分别为3.23%、3.11%和2.07%；NO_x排放对区域大气污染贡献占比较高的城市为马鞍山、宁波和衢州，分别为1.64%、1.55%和1.38%；$PM_{2.5}$排放对区域大气污染贡献占比较高的城市为宁波、连云港和衢州，分别为0.34%、0.31%和0.22%。

与所有预测情景相比，未来年（情景Ⅱ）钢铁行业对长三角区域SO_2、NO_x和$PM_{2.5}$年均浓度贡献占比平均值总体大幅度降低。未来年，我国钢铁行业对长三角区域污染物浓度贡献最低。

4.7 小结

本研究利用第3章的我国钢铁企业排放清单，引入数值模型CAMx对不同情景下钢铁行业大气污染对不同地域（全国和重点区域）的环境影响进行分析，得到如下结论：

（1）在不同的情景下［2012年、2015年、2018年和未来年（2种情景）］，从省级角度，我国钢铁行业排放大气污染物主要影响河北省。从重点区域角度，我国钢铁行业排放大气污染物主要影响“2+26”城市，特别是唐山、邯郸和安阳，这与相关省份、城市的钢铁企业集中、污染物排放量大等因素有关。此外，2012年、2015年和2018年钢铁排放对区域大气污染物浓度分布与排放清单排放量分布趋势相一致。

（2）2012年我国钢铁行业对区域大气环境影响最大的污染物为SO_2，浓度贡献占比达13%以上。随着我国钢铁脱硫设备大规模普及，至2015年和2018年，我国钢铁行业对区域大气环境影响最大的污染物为NO_x，因此NO_x存在较大的减排空间。

（3）假设保持现状粗钢产量不变，全面实现超低排放情景下，从省级角度，钢铁行业对区域污染物浓度贡献占比平均值最大为1.88%。假设电炉钢和转炉钢均为2.1亿t，并全面实现超低排放，从省级角度，钢铁行业对区域污染物浓度贡献占比平均值最大为0.31%。由此可见，对钢铁企业主要工序进行超低排放改造，同时提高炉钢和转炉钢的比重，能有效降低钢铁行业对各区域的大气污染贡献。

第5章
典型钢铁企业二噁英预警研究

二噁英（Dioxin）是多氯代二苯并-对-二噁英（PCDDs）和多氯代二苯并呋喃（PCDFs）的总称，具有不可逆的致畸、致癌、致突变毒性，不易自然降解，属于《关于持久性有机污染物的斯德哥尔摩公约》首批管控的持久性有机污染物（POPs）之一。研究结果显示，我国二噁英类污染物排放量居于世界首位，其中2004年钢铁行业（烧结等）共向大气排放1.673 4 kgTEQ，占大气二噁英类污染物排放量的33.19%，是我国最大的二噁英排放行业。一些学者利用AERMOD、CALPUFF、CMAQ等空气质量模型对环境介质中的二噁英类物质影响程度、范围进行了预测和分析工作。

二噁英通常以颗粒态、气溶胶态或气态存在，二噁英排放导致的环境污染既涉及大气，还影响下垫面如土壤的生态环境安全等，土壤被认为是二噁英最主要的汇。研究表明，二噁英类污染物可长期稳定存在于土壤。然而，目前对钢铁行业企业排放二噁英的研究主要集中在浓度监测、组分分析、大气模拟扩散等方面，却鲜有考虑二噁英沉降对土壤污染的影响。此外，通过查阅《土壤污染防治行动计划》《关于加强二噁英污染防治的指导意见》《重点行业二噁英污染防治技术》以及2003—2013年钢铁行业环境影响评价报告书，发现其中均未涉及二噁英烟气排放沉降对土壤的污染影响。

本章以河北某钢铁厂为例，根据多年烧结矿产量数据、烧结机头二噁英排放监测数据、土壤监测数据，利用气象模式WRF中尺度气象数据，建立了基于CALPUFF数值模型的钢铁烧结机排放二噁英类污染物沉降土壤的计算方法，揭示烧结机排放大气二噁英类污染物在空气相—土壤相迁移规律、造成潜在污染场地范围，为开展钢铁行业二噁英大气污染、土壤污染防治等提供科学依据。

5.1 材料与方法

5.1.1 研究区域与对象

该大型钢铁联合企业位于河北省，共有 7 台烧结机，分别为 1 台 400 m^2 烧结机（1999 年 12 月投产，年产烧结矿 360 万 t）、2 台 435 m^2 烧结机（分别在 2009 年 4 月、2015 年 10 月投产，两台年产烧结矿均为 400 万 t）、2 台 360 m^2 烧结机（分别在 2008 年 3 月、5 月投产，两台年产烧结矿均为 360 万 t）和 2 台 90 m^2 烧结机（分别在 1991 年 7 月、12 月投产，于 2015 年年底停产，两台年产烧结矿均为 80 万 t）。所有烧结机机头烟气均采用三电场电除尘器净化，设置石灰石—石膏湿法烟气脱硫装置，拆除了脱硫旁路，该企业无电炉工序。烧结机位置见图 5-1。

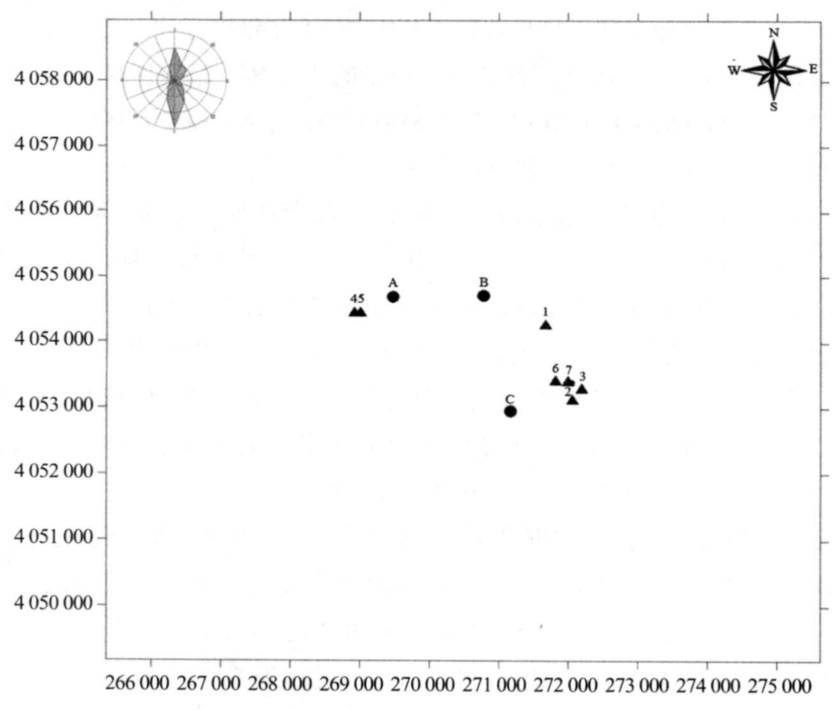

图 5-1 烧结机、土壤监测点位置关系（UTM 坐标系，单位：m）

注：▲1 代表 400 m^2 烧结机；▲2 和▲3 代表 435 m^2 烧结机；▲4 和▲5 代表 360 m^2 烧结机；▲6 和▲7 代表 90 m^2 烧结机；●A、●B、●C 代表土壤监测点。

5.1.2 烟气二噁英监测方法

选取 400 m^2（1 号）和 435 m^2（2 号）烧结机排放废气作为监测对象，在设备正常运行情况下对废气中二噁英进行连续监测。二噁英类物质检测分析采用《环境空气和废气 二噁英类的测定 同位素稀释高分辨气相色谱法-高分辨质谱法》（HJ 77.2—2008），采样点和采用频次参考《固定源废气监测技术规范》（HJ/T 397—2007）。每个采样点位采集 3 个样品，连续采样，分别测定其排放浓度。采样口选取机头主抽烟囱废气排放口，采样仪器选取 ZR-3720 废气二噁英采样器，烟气参数监测选取崂应 3012H 自动烟气测试仪，分析仪器选取 AutoSpec Premier 高分辨磁质谱系统。

5.1.3 土壤二噁英监测方法

本章综合考虑钢铁厂 7 台烧结机所在位置，2016 年 9 月选取 3 个土壤监测点对二噁英进行检测，取 0～20 cm 表层土进行样品采集，土壤中二噁英类物质的检测分析采用《土壤和沉积物 二噁英类的测定 同位素稀释高分辨气相色谱-高分辨质谱法》（HJ 77.4—2008）；采样点和采用频次参考《土壤环境监测技术规范》（HJ/T 166—2004），分析仪器选取 AutoSpec Premier 高分辨磁质谱系统。土壤监测点位置见图 5-1。

5.1.4 模型参数

本章采用 CALPUFF（版本号 6.42）作为烧结机排放二噁英在大气扩散、沉降土壤的数值模型，建模采用的地形数据为 90 m 美国地质勘探局（USGS）数据，土地利用数据精度为 30 m，气象场、降水等资料采用气象模式 WRF。本章考虑了每个烧结机的空间坐标、烟囱高度、二噁英排放量等信息，网格分辨率 100 m，东西向 103 个格点，南北向 103 个格点。由于 PCDD/Fs 化学性质稳定，模拟不考虑 PCDD/Fs 的衰变与化学转化。本章定量模拟每个烧结机排放大气二噁英类污染物对周边环境贡献情况（年均浓度、沉降速率等），综合考虑每个烧结机投产时间、关停时间等，计算每个烧结机导致周围环境的二噁英类物质土壤富集量，分析潜在污染场地空间范围。

5.2 结果与讨论

5.2.1 烧结烟气二噁英排放因子

1 号烧结机和 2 号烧结机机头排放的二噁英毒性当量分别为 0.022～0.025 ngTEQ/m^3（标态）、0.017～0.021 ngTEQ/m^3（标态），其中排放的 2,3,4,7,8-五氯代二苯并呋喃（PeCDF）

占二噁英排放总浓度分别为48%、53%，其次是2,3,7,8-四氯代二苯并呋喃（TCDF），占二噁英排放总浓度分别为14.9%、12.3%，这两种同类物的贡献率远远高于其他15种同类物，这与现有文献结果接近。1号、2号烧结机机头排放的二噁英均能满足《钢铁烧结、球团工业大气污染物排放标准》（GB 28662—2012）中排放标准要求［0.5 ngTEQ/m^3（标态）］。

根据实测浓度、年工作时间、工况等数据，推算1号、2号烧结机二噁英排放因子分别为0.081 μgTEQ/t、0.055 μgTEQ/t。采用类比分析法，推算另外5台烧结机（3号、4号、5号、6号、7号）二噁英的排放因子分别为0.055 μgTEQ/t、0.044 μgTEQ/t、0.053 μgTEQ/t、0.056 μgTEQ/t、0.056 μgTEQ/t，而2004年我国二噁英排放清单中烧结工序大气排放因子为5 μgTEQ/t。2号烧结机排放因子相对1号烧结机较低，可能是因为2号烧结机设备较新、污染控制水平较高。

5.2.2 土壤二噁英来源分析

土壤监测点A、B、C二噁英毒性当量浓度分别为0.82 ng/kg、2.2 ng/kg、2.4 ng/kg，其中PeCDF占土壤监测点二噁英总量最高，分别为36.6%、27.3%、18.8%。三组样品二噁英同类物整体变化趋势大致相同，其中A点二噁英浓度较低，可能是因为A毗邻新厂区（4号、5号烧结机开工运行时间较短，距离老厂区距离较远，烧结机排放二噁英类污染物富集到A点相对较少）。

分析烧结烟气与采样点土壤浓度组分指纹特征（见《钢厂烧结机烟气排放对土壤二噁英浓度的影响》论文），可发现烧结机烟气、土壤中二噁英同类物占比基本相同，二噁英类物质组分趋势基本一致，多氯二苯并呋喃明显高于多氯二苯并二噁英浓度，推测该企业周边区域内土壤二噁英污染主要来源可能来自烧结机烟气排放。

5.2.3 烧结机对大气、土壤二噁英类污染物贡献分析

所有烧结机对周围环境空气二噁英大气污染物年均贡献浓度见图5-2。预测结果显示，二噁英大气年均贡献浓度较高区域主要在4号、5号烧结机周围以及主导风下风向（当地多年主导风向为S、N），这与4号、5号烧结机排放高度较低有关（4号、5号烧结机烟囱高度55 m，1号烧结机烟囱高度160 m，2号、3号、6号、7号烧结机烟囱高度150 m）。

本章通过预测每个烧结机排放到土壤二噁英年均总沉降通量[ng/（m^2·s）]以及实际生产时间，计算获得所有烧结机对土壤环境的总沉降量（ng/m^2），预测结果表明烧结机二噁英废气排放对区域土壤沉降量主要集中在各个烧结机周围和主导风向下风向（见图5-3）。经过对比，可发现烧结机排放二噁英大气年均贡献浓度（见图5-2）与土壤总沉降量（见图5-3）趋势并不完全一致，这说明烧结机排放二噁英对土壤富集量，不仅与烧结机的二噁英排放量有关，还与烧结机投产关停时间、污染物沉降、气象条件等因素有关。

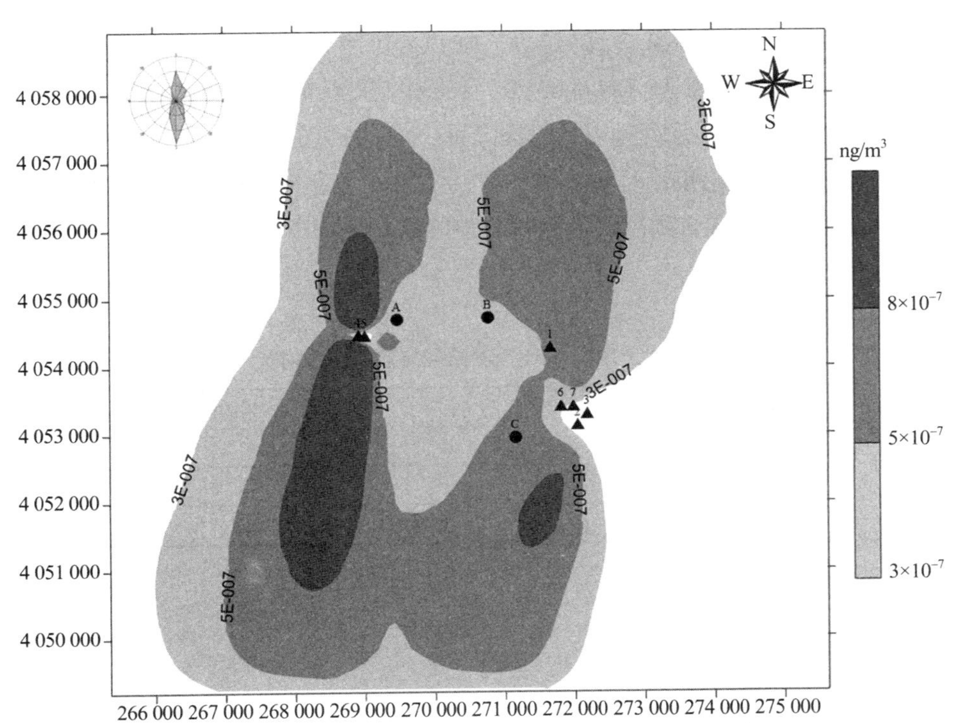

图 5-2　烧结机排放二噁英年均浓度等值线（UTM 坐标系，单位：m）

注：图中“3E-007”表示 3×10^{-7}，“5E-007”表示 5×10^{-7}。

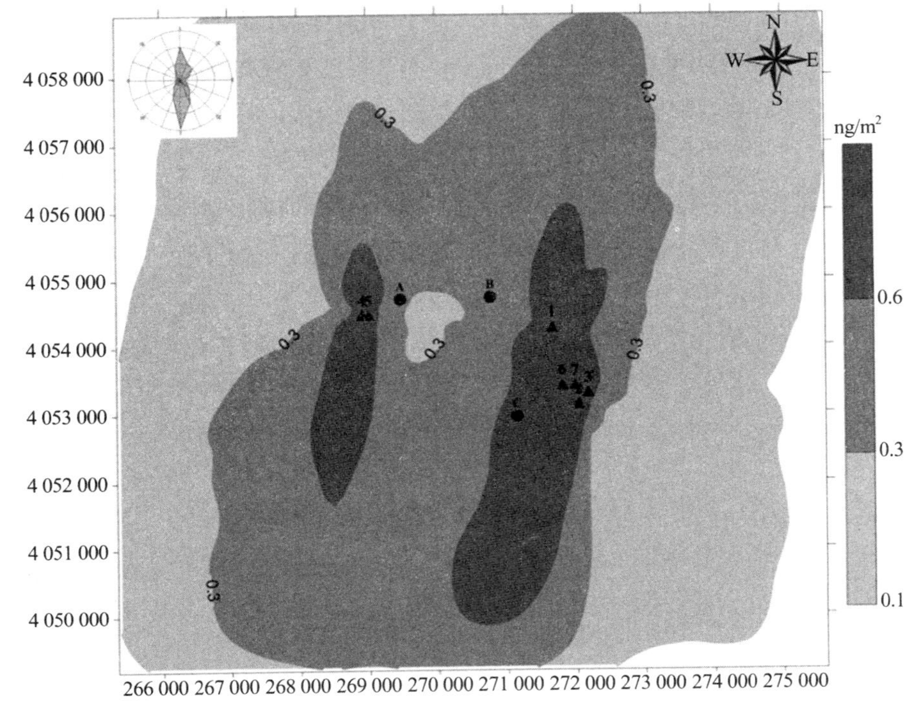

图 5-3　烧结机排放到土壤二噁英总沉降量（UTM 坐标系，单位：m）

此外，土壤监测点模拟结果显示，C 点二噁英总沉降量（0.79 ng/m^2）高于 A 和 B，B 点（0.363 ng/m^2）略高于 A 点（0.334 ng/m^2），与实测结果基本趋势一致（见表 5-1），这说明采用数值模型模拟烧结机二噁英对土壤的沉降量，丰富钢铁企业二噁英土壤污染预警方法体系，对开展潜在二噁英污染土地调查工作有一定的参考意义。B 点模拟趋势与监测结果有一定偏差，可能是因为该点周围可能存在其他因素对土壤中二噁英浓度有干扰（秸秆焚烧、除草剂使用等）。

表 5-1 土壤二噁英预测结果与监测结果对比

点位	预测总沉降量/（ng/m^2）	土壤监测浓度/（ng/kg）
A	0.334	0.82
B	0.363	2.2
C	0.79	2.4

5.3 小结

（1）基于烧结机组机头实测数据和类比分析法获取了典型钢铁企业烧结机二噁英排放因子为 0.044～0.081 μgTEQ/t，远小于 2004 年我国烧结排放清单中二噁英排放因子（5 μgTEQ/t）。说明我国亟须更新不同规模、不同控制措施的烧结机二噁英排放因子。

（2）土壤监测二噁英浓度在 0.82～2.4 ng/kg，本章采用 CALPUFF 模式模拟烧结机二噁英对土壤监测点沉降量与周边土壤监测点实测数据趋势一致，可为环评中土壤污染预测提供一种思路。

（3）目前管理部门主要关注土壤中常规性污染物指标监测，二噁英等 POPs 污染物监测能力不足，没有建立二噁英类物质污染预警应急体系，本方法可分析重点区域钢铁企业二噁英潜在影响土壤范围，统计污染场地潜在名单，为《土壤污染防治行动计划》（“土十条”）、《重点行业二噁英污染防治技术》等政策联动提供了科学方法。

第6章
典型钢铁企业大气污染预报

6.1 研究背景

目前，针对城市空气污染预报，我国常用污染预报模型为第三代空气质量模型（CMAQ、CAMx等），这些模型可反映中等尺度范围空气污染物的排放、扩散、传输、沉降、化学反应等。

我国经济快速发展，城市化加快，工业园区、重点排污企业排放的大气污染物逐渐成为关注热点，CMAQ、CAMx等区域网格模型，需要大量污染源清单数据、气象数据、计算资源等支持，计算周期长，难以用来开展单个园区、单个企业的小尺度污染物精细预报（100～500 m分辨率）。例如，预测未来几天，某医药企业、某石化企业排放恶臭污染物、VOCs等对周围居民的影响；预测某钢铁厂排放大气污染物（CO、PM、NO_x、SO_2）对所在城市空气质量站点的贡献等。

针对上述问题，本书基于国家气象局预报资源以及WRF等结果，采用AERMOD模型，建立了城市涉气企业空气质量小尺度预报系统（以下简称企业污染预报系统），开展未来8天重点企业对国控点和周围环境的污染预测，分析不同大气污染物防治方案对城市空气质量改善程度，为大气污染应急、污染预警等提供预报服务（PC端、手机App端等）。

目前，本书开发的企业污染预报系统，可快速部署到我国任何一个城市，已投入实际案例应用，在城市钢铁厂、火电厂、化工等重点企业应急管控等方面获得较好的效果，可预报城市单个或多个钢铁工厂、电厂、化工厂、道路或者工业园区排放大气污染物对国控点、居民区的污染贡献影响。

6.2 研究方法

6.2.1 需求分析

（1）用户仅提供涉气企业的排放源数据，不提供任何资源、硬件等（开发后台环境采用云服务器）；（2）用户需要预测未来 8 天，涉气重点企业的污染物排放对国控点、省控点、小型微站等污染物浓度贡献影响，并通过 PC 端、手机 App 端进行呈现；（3）用户采用手机、PC 访问系统；（4）要求每日定时推送；（5）要求自动形成分析报告，供用户会商。

6.2.2 数值模型

预报资源采用了国家气象局预报资源、WRF 模式等。国家气象局预报资源融合了多种全球数值模式产品 GRAPES（我国气象局）/GFS、T 639（我国气象局）/GMF 等预报产品；WRF 模式是由美国国家大气研究中心（NCAR）、美国环境预测中心（NCEP）等部门联合开发研究的新一代中尺度数值天气预报系统，WRF 模型目前主要应用于业务预报等，WRF 模型系统具有方便高效、可移植、可扩充、易维护等优点。

污染扩散模型主要采用 AERMOD，AERMOD 是稳定状态烟羽模型，常用于我国大气环评、大气评估等模拟，是目前《环境影响评价技术导则　大气环境》的推荐模型之一，可以模拟点源、面源、体源等。AERMOD 的地形数据资料来自美国地质勘探局（USGS，90 m），地表参数采用作者开发的 AERSURFACE 在线服务系统。

6.2.3 模块设计

本书设计企业污染预报系统业务化运行方案，包含完整用户及系统权限管理、内部计算后台、数据库系统设计等，实现企业污染预报系统的业务化运行。

本书模块设计见图 6-1，主要分为所有企业总况（研究区域内所有涉气污染企业）、单企业污染扩散（单个污染企业分析）等。其中，所有企业总况功能包括了每个企业对国控点贡献的具体排名、企业分布图、气象分析、污染物扩散预报图（动画形式）。单企业污染扩散功能包括了单个企业对国控点日浓度贡献趋势等。

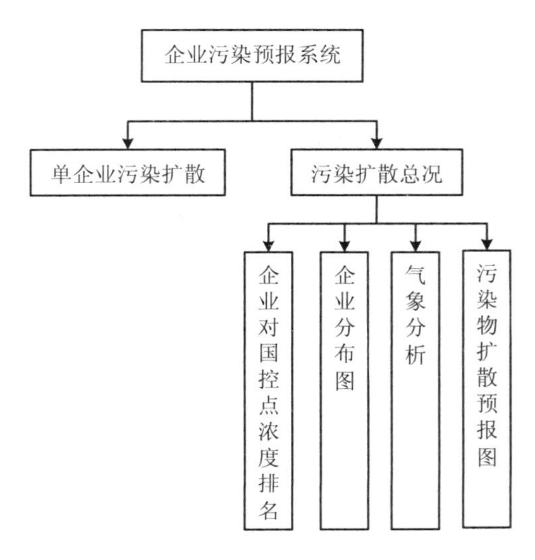

图 6-1　模块设计

6.3　预报系统开发

6.3.1　数据库设计

本书采用了 MySQL 数据库。数据库设计原则：（1）方便业务功能实现、业务功能扩展；（2）方便设计开发、增强系统的稳定性和可维护性；（3）保证数据完整性和准确性；（4）提高数据存储效率，在满足业务需求的前提下，使时间开销和空间开销达到优化平衡；（5）正常运行前提下，数据库中的业务数据表每日的数据增长量为固定数字，可便于维护、预测；（6）数据库中的业务数据表之间无交叉字段，建立表格时，可以针对不同的系统模块分别建立数据表，本系统中需要建立的表格为 8 张表。

6.3.2　污染预报分析

定时把基于国家气象局预报资源、WRF 模式等结果存入指定的 MySQL 数据库，生成 AERMOD 识别的气象文件，运行 AERMOD 模型，输出 PM、NO_x、SO_2 等未来日均最大浓度、小时最大浓度、长期最大浓度等，上传至平台服务器，展现污染物浓度扩散情况，更新成果展示。

企业污染贡献排名分析是基于预报结果，分析研究区域内所有企业贡献值排名，并通过日期切换排名信息，为用户精准治霾提供决策依据。

6.3.3 气象分析

通过展示未来研究区域内的风速、风向、温度等气象要素，可为用户分析具体每个企业的污染贡献，提供气象数据支持。

6.3.4 污染分析

基于 AERMOD 模型的网格点输出结果，用 Python 给出插值，并画出 GIS 污染物浓度扩散图，并载入系统页面中进行展示。

6.4 案例分析

6.4.1 城市钢铁企业小尺度预报实例（网页端）

基于国家气象局气象预报数据、WRF 模式等，以某城市的钢铁等重点企业为例，开展了未来 8 天小尺度预报，预测城市钢铁等重点企业排放的大气污染物扩散对该县的 PM、NO_x、SO_2 浓度贡献，形成贡献排名，进行动态管控（见图 6-2）。

对某钢铁厂的预报数据、空气质量实测数据进行统计分析（见图 6-3），结果显示，某钢铁厂的预报数据与空气质量实测数据变化规律有较为显著的相关性，相关系数最高为 0.93，此外，某钢铁厂对国控点的贡献程度最高。

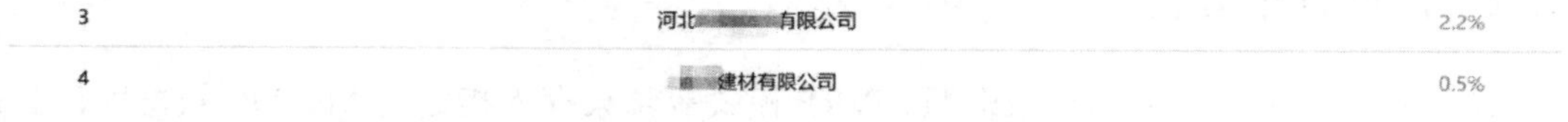

< SO_2的贡献排名

未来八天平均浓度　　更多日期

排名	企业	贡献
1	钢	88.3%
2	公司 热电厂	9.0%
3	河北 有限公司	2.2%
4	建材有限公司	0.5%

图 6-2 多个企业贡献排名—空气质量小尺度预报系统（网页端）

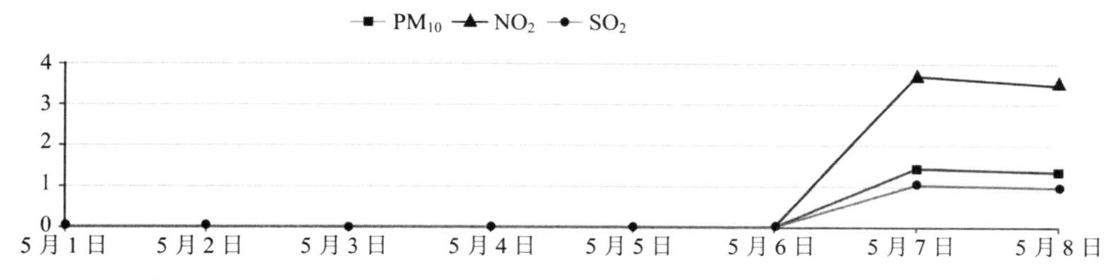

图 6-3　某钢厂未来 8 天对某国控点的具体贡献日均浓度情况—空气质量小尺度预报系统

（网页端）（单位：μg/m³）

6.4.2　区县重点企业小尺度预报实例（手机 App 端）

基于国家气象局气象预报数据、WRF 模式等，以某区县的重点企业为例，开展了未来 8 天小尺度预报，预测区县的重点企业排放的大气污染物扩散对该县的 PM、NO_x、SO_2 浓度贡献（可预测未来每天企业对国控点等的日均贡献浓度、每小时贡献浓度），并推送到县政府、县环保局管理人员的手机 App（见图 6-4）。

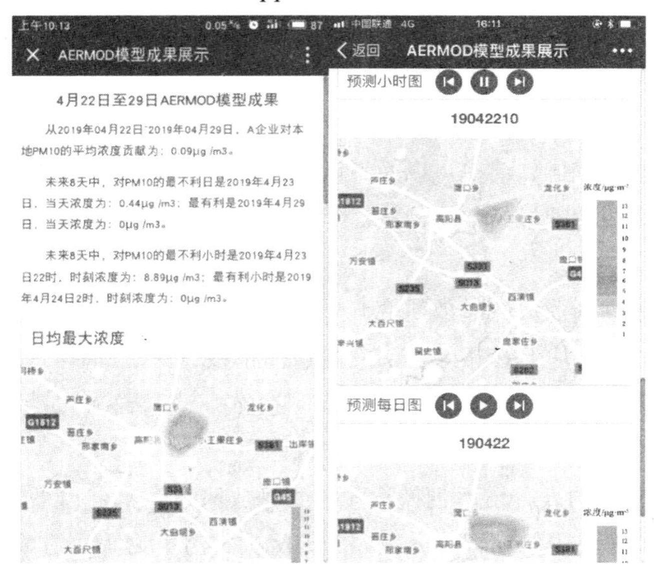

图 6-4　空气质量小尺度预报系统（手机 App）

6.5　小结

本书基于国家气象局预报资源、WRF 模式等，结合 AERMOD 模型，完成企业污染预报业务系统构建，建立了预报系统业务流程设计，具有快速开发、快速部署的特点，可快速部署到我国任何一个城市。

第 7 章 结论与展望

7.1 结论

钢铁行业是我国大气重污染应急和减排等工作的重要聚焦点。由于 2012—2018 年我国钢铁行业政策和标准的影响，其排放浓度水平和排放因子水平在不同时期的差异较大。而现有研究中的钢铁排放因子未考虑具体工序、规模和管理水平等差异，且研究的样本存在数据较少以及时间早的问题，无法有效反映钢铁行业在 2012—2018 年由于技术进步和标准严格等因素引起的排放浓度和排放因子变化。从而导致缺乏反映我国不同历史阶段的自下而上的钢铁行业大气排放清单，以及不同情景下钢铁行业大气排放影响评估。因此，本书拟基于我国钢铁行业的最新数据，系统分析我国钢铁行业大气污染物排放特征及其大气环境影响。

对此，本书对钢铁企业大气排放研究开展了一系列的创新工作，具体包括如下 3 点：

（1）提出了一个新的基于 CEMS 的大气排放清单核算方法。本书有机融合污染源连续自动监测系统（CEMS）数据和环境统计数据，提出了一套新的时（各小时）—空（各排放源）高分辨率钢铁行业大气排放清单核算方法。

（2）编制了一套新的高分辨率钢铁行业大气排放清单。本书自下而上地编制了 2012 年、2015 年、2018 年我国钢铁行业分工序分地区大气污染物排放清单，将企业规模、产量、工序、排放浓度、排放因子、经纬度、烟囱信息（高度、直径、出口温度、出口流速等）和 9 种污染物排放量（SO_2、NO_x、PM_{10}、$PM_{2.5}$、CO、VOCs、BC、OC 和 EC）纳入清单编制，为我国空气质量模拟、标准评估等工作提供了数据基础。

（3）建立了基于 CAMx 模型的钢铁企业大气污染仿真与管理平台。本书采用扩展综合空气质量模型定量分析和模拟我国钢铁行业不同时间或政策情景［过去情景（2012 年）、新建标准执行情景（2015 年）、现状情景（2018 年）以及未来年情景］下钢铁企业大气污染环境影响。

通过实证分析，本书得到以下重要结论：

（1）基于新的排放清单，从不同维度出发深入剖析了我国钢铁排放特征：从时间角度，2015—2018 年我国钢铁主要工序的大气污染物排放浓度的年均和月均值保持下降趋势，与我国钢铁粗钢产量呈现相反的特征；从区域角度，西部欠发达地区的省份污染物排放绩效值较高，因此未来钢铁企业大气污染治理重点应聚焦西部省份；从工序角度，SO_2、NO_x 和 PM_{10} 主要来源于焦化、烧结、球团及高炉 4 个铁前工序，CO 主要来自烧结和高炉工序，VOCs 主要来自焦化、烧结和轧钢工序，故加强这些铁前工序大气污染物排放控制技术、提高电炉钢的使用比例，将有效降低钢铁行业大气污染物排放。

（2）基于新的排放清单，对我国 2012 年与 2015 年钢铁排放标准的达标情况进行了深入的分析。在工序方面，2015—2018 年，我国钢铁行业重点排放源（烧结机头、烧结机尾和球团焙烧）的各污染物小时浓度平均达标小时数较高，达标率较好，且总体呈逐年变好趋势。在地区方面，东部地区整体达标率要高于全国其他地区水平，“2+26”城市、汾渭平原、长三角等重点区域的钢铁行业超低排放改造进展较快，其部分小时数在 2018 年能满足超低排放限值考核水平，且达标率总体高于全国平均水平。在政策方面，秋冬季期间（2017 年 10 月—2018 年 3 月），“2+26”城市因有效实施应急减排，其主要工序污染物浓度下降幅度总体高于其他未实施应急减排的区域。

（3）基于所构建的钢铁大气污染仿真与管理平台，在不同时间或政策情景下，对我国钢铁大气环境影响进行了评估，发现：2012 年，我国钢铁行业对区域大气环境影响最大的污染物为 SO_2，其浓度贡献占比达到了 13%以上；随着脱硫设备在钢铁行业的大规模普及，其 SO_2 对环境的负面影响显著下降，而 NO_x 成为 2015 年和 2018 年影响最大的污染物，存在较大的减排空间。

（4）在未来情景方面，我国钢铁若达到步入发达国家产业结构（如电炉钢使用比例提高）且达到超低排放水平，其 SO_2、NO_x 和 PM_{10} 排放量可降至 4.94 万 t、7.58 万 t 和 4.11 万 t，相比 2018 年降低 82.98%，88.61%和 85.69%。因此，对钢铁行业进行产业结构调整（如提高电炉钢比例），全面开展超低排放改造，能有效降低钢铁大气污染排放。

7.2　建议

本书对我国钢铁行业大气污染物排放特征及其环境影响，开展了一系列的创新研究，得出了一些具有建设性意义的重要结论。但本书仍存在一些不足，是未来研究的主要创新方向：

（1）本书的核算主要基于 CEMS 数据，然而小部分企业未纳入 CEMS 网络中。因此，对这些企业进行深入的调研，全面补充数据基础，是进一步完善我国钢铁大气排放清单的主要方向。

（2）由于 CEMS 数据库中缺乏对污染物 VOCs、CO 的排放监测数据，故本书基于现有文献因子对其进行核算。因此，未来研究可针对此类污染物，开展全面的分工序分地区的实地监测工作，以获得最新的相关数据，核算其排放因子及排放量。

参考文献

[1] 伯鑫，徐峻，杜晓惠，等. 京津冀地区钢铁企业大气污染影响评估[J]. 中国环境科学，2017，37（5）：1684-1692.

[2] 伯鑫，赵春丽，吴铁，等. 京津冀地区钢铁行业高时空分辨率排放清单方法研究[J]. 中国环境科学，2015，35（8）：2554-2560.

[3] 陈国磊，周颖，程水源，等. 承德市大气污染源排放清单及典型行业对 $PM_{2.5}$ 的影响[J]. 环境科学，2016，37（11）：4069-4079.

[4] 陈鹏. 重庆市主城区大气 PM_{10} 来源的二重源解析研究[D]. 重庆：西南大学，2009.

[5] 段文娇，郎建垒，程水源，等. 京津冀地区钢铁行业污染物排放清单及对 $PM_{2.5}$ 影响[J]. 环境科学，2018，4：1-14.

[6] 黄晓波，殷晓鸿，黄志炯，等. 不同模式对珠三角地区细颗粒物污染模拟效果对比评估[J]. 环境科学学报，2016，36（10）：3505-3514.

[7] 雷宇. 中国人为源颗粒物及关键化学组分的排放与控制研究[D]. 北京：清华大学，2008.

[8] 李佳，张晓郁，孙庆宇. 唐山市钢铁行业大气污染物排放清单建立[J]. 中国环境监测，2016，32（5）：1-7.

[9] 王堃，滑申冰，田贺忠，等. 2011 年中国钢铁行业典型有害重金属大气排放清单[J]. 中国环境科学，2015，35（10）：2934-2938.

[10] 温维，韩力慧，代进，等. 唐山夏季 $PM_{2.5}$ 污染特征及来源解析[J]. 北京工业大学学报，2014（5）：751-758.

[11] 张洁，韩军赞. 钢铁企业 $PM_{2.5}$ 排放源谱研究[J]. 节能与环保，2018（9）：66-67.

[12] 张文艺，翟建平，李琴. 钢铁工业城市 SO_2 污染分析[J]. 哈尔滨工业大学学报，2006，38（8）：1251-1254.

[13] 赵羚杰. 中国钢铁行业大气污染物排放清单及减排成本研究[D]. 杭州：浙江大学，2016.

[14] De Gouw J A，Parrish D D，Frost G J，et al. Reduced emissions of CO_2，NO_x，and SO_2 from US power plants owing to switch from coal to natural gas with combined cycle technology[J]. Earth's Future，2014，2（2）：75-82.

[15] Gao C，Gao W，Song K，et al. Spatial and temporal dynamics of air-pollutant emission inventory of steel industry in China：A bottom-up approach[J]. Resources，Conservation and Recycling，2019，143：184-200.

[16] Karplus V J，Zhang S，Almond D. Quantifying coal power plant responses to tighter SO_2 emissions standards in China[J]. Proceedings of the National Academy of Sciences，2018，115（27）：7004-7009.

[17] Ohara T，Akimoto H，Kurokawa J-I，et al. An Asian emission inventory of anthropogenic emission sources for the period 1980–2020[J]. Atmospheric Chemistry and Physics，2007，7（16）：4419-4444.

[18] Song Y，Zhang M，Cai X. PM_{10} modeling of Beijing in the winter[J]. Atmospheric Environment，2006，40（22）：4126-4136.

[19] Streets D G，Bond T C，Carmichael G R，et al. An inventory of gaseous and primary aerosol emissions in Asia in the year 2000[J]. Journal of Geophysical Research：Atmospheres，2003，108（D21）.

[20] Tang L，Qu J，Mi Z，et al. Substantial emission reductions from Chinese power plants after the introduction of ultra-low emissions standards[J]. Nature Energy，2019，4（11）：929-938.

[21] Wang K，Tian H，Hua S，et al. A comprehensive emission inventory of multiple air pollutants from iron and steel industry in China：Temporal trends and spatial variation characteristics[J]. Science of the Total Environment，2016，559：7-14.

[22] Wang X，Lei Y，Yan L，et al. A unit-based emission inventory of SO_2，NO_x and PM for the Chinese iron and steel industry from 2010 to 2015[J]. Science of the Total Environment，2019，676：18-30.

[23] Wu X，Zhao L，Zhang Y，et al. Primary air pollutant emissions and future prediction of iron and steel industry in China[J]. Aerosol and Air Quality Research，2015，15（4）：1422-1432.

[24] Zhang Q，Streets D G，Carmichael G R，et al. Asian emissions in 2006 for the NASA INTEX-B mission[J]. Atmospheric Chemistry and Physics，2009，9（14）：5131-5153.

[25] Zheng J，Zhang L，Che W，et al. A highly resolved temporal and spatial air pollutant emission inventory for the Pearl River Delta region，China and its uncertainty assessment[J]. Atmospheric Environment，2009，43（32）：5112-5122.

[26] Zhao Y，Nielsen C P，Lei Y，et al. Quantifying the uncertainties of a bottom-up emission inventory of anthropogenic atmospheric pollutants in China[J]. Atmospheric Chemistry and Physics，2011，11（5）：2295-2308.

[27] Zhou Y，Zhao Y，Mao P，et al. Development of a high-resolution emission inventory and its evaluation and application through air quality modeling for Jiangsu Province，China[J]. Atmospheric Chemistry and Physics，2017，17（1）：211-233.

缩略语和缩写索引

BC	黑碳
CAMx	扩展综合空气质量模型
CEMS	污染源连续自动监测系统
CMAQ	多尺度空气质量模型
EC	元素碳
FB	平均百分比偏差
MM5	第五代中尺度模式
MEIC	中国多尺度排放清单模型
NMB	标准化平均偏差
NME	标准化平均误差
OC	有机碳
OSAT	臭氧源分配技术
PM	颗粒物
PM_{10}	颗粒物（粒径小于等于 10 μm）
$PM_{2.5}$	颗粒物（粒径小于等于 2.5 μm）
PSAT	颗粒物源分配技术
SMOKE	稀疏矩阵排放模型
TSP	总悬浮颗粒物（粒径小于等于 100 μm）
VOCs	挥发性有机物
WRF	天气研究与预报模型

附　表

附表 1　1996—2018 年我国粗钢产量　　单位：亿 t

指标＼年份	1996	1997	1998	1999	2000	2001	2002	2003	2004	2005	2006	2007
钢材	0.86	0.95	1.07	1.21	1.31	1.61	1.93	2.41	3.20	3.78	4.69	5.66
粗钢	1.01	1.09	1.16	1.24	1.29	1.52	1.82	2.22	2.83	3.53	4.19	4.89
生铁	1.05	1.15	1.19	1.25	1.31	1.56	1.71	2.14	2.68	3.44	4.12	4.77
指标＼年份	2008	2009	2010	2011	2012	2013	2014	2015	2016	2017	2018	
钢材	6.05	6.94	8.03	8.86	9.56	10.82	11.25	10.35	10.48	10.46	11.06	
粗钢	5.03	5.72	6.37	6.85	7.24	8.13	8.22	8.04	8.08	8.31	9.28	
生铁	4.78	5.53	5.97	6.41	6.64	7.11	7.14	6.91	7.02	7.14	7.71	

附表 2　钢铁企业主要大气污染物因子

序号	工序	污染物因子
1	烧结（球团）	PM_{10}、SO_2、NO_x、VOCs、CO
2	焦化	PM_{10}、SO_2、NO_x、VOCs、CO
3	炼铁	PM_{10}、SO_2、NO_x、CO
4	炼钢	PM_{10}、VOCs、CO
5	热轧	PM_{10}、SO_2、NO_x、VOCs、CO
	冷轧	VOCs

附表 3　重点区域范围

区域名称	范围
“2+26”城市	北京市，天津市，河北省石家庄、唐山、邯郸、邢台、保定、沧州、廊坊、衡水市以及雄安新区，山西省太原、阳泉、长治、晋城市，山东省济南、淄博、济宁、德州、聊城、滨州、菏泽市，河南省郑州、开封、安阳、鹤壁、新乡、焦作、濮阳市（含河北省定州、辛集市，河南省济源市）
长三角地区	上海市、江苏省、浙江省、安徽省
汾渭平原	山西省晋中、运城、临汾、吕梁市，河南省洛阳、三门峡市，陕西省西安、铜川、宝鸡、咸阳、渭南市以及杨凌示范区（含陕西省西咸新区、韩城市）

附表 4 我国 2018 年钢铁企业在线监测排放口数量

单位：个

省（区、市）	烧结机头排放口	烧结机尾排放口	球团焙烧排放口	排放口总数
天津	13	13	1	27
河北	249	71	84	404
山西	41	5	4	50
内蒙古	15	5	—	20
辽宁	24	5	5	34
吉林	5	6	6	17
黑龙江	2	1	1	4
上海	6	—	—	6
江苏	9	2	—	11
浙江	3	—	—	3
安徽	14	3	2	19
福建	4	1	1	6
江西	20	18	2	40
湖北	16	7	2	25
湖南	11	2	4	17
山东	46	36	7	89
河南	24	24	11	59
广东	10	8	2	20
广西	14	3	—	17
重庆	5	—	1	6
四川	15	14	3	32
贵州	6	3	—	9
云南	17	17	2	36
陕西	5	2	—	7
甘肃	10	8	21	39
青海	2	—	—	2
宁夏	—	—	—	0
新疆	3	1	1	5
全国①	589	255	160	1 004

注：①全国的数据暂不包括香港、澳门、台湾数据，全书同。

附表 5 我国钢铁行业主要工序大气污染物新建排放标准与超低排放标准比较

单位：mg/m^3

标准名称	烧结机头			烧结机尾	球团焙烧		
	PM_{10}	SO_2	NO_x	PM_{10}	PM_{10}	SO_2	NO_x
新建钢铁企业排放限值	50	200	300	30	50	200	300
钢铁超低排放指标限值	10	35	50	10	10	35	50

附表6 我国2015年烧结机头、烧结机尾、球团焙烧烟气分省小时浓度达标率分析

（按照新建排放限值考核）

单位：%

省（区、市）	烧结机头			烧结机尾	球团焙烧		
	PM_{10}	SO_2	NO_x	PM_{10}	PM_{10}	SO_2	NO_x
全国	96.20	97.74	98.69	96.18	98.96	96.92	99.61
天津	99.98	99.96	100.00	99.33	100.00	99.98	100.00
河北	98.87	99.31	98.52	99.95	99.59	99.44	99.81
山西	90.08	96.96	98.97	—	58.02	94.90	100.00
内蒙古	89.39	82.16	99.84	36.82	—	—	—
辽宁	99.59	99.30	99.98	—	96.86	64.57	98.50
吉林	95.14	93.92	99.90	—	100.00	99.02	94.89
黑龙江	97.90	96.42	100.00	—	88.04	83.08	96.35
上海	99.87	99.92	99.54	—	—	—	—
江苏	98.05	99.48	99.42	—	—	—	—
浙江	96.00	98.50	100.00	—	—	—	—
安徽	99.63	98.74	97.15	98.74	100.00	89.22	100.00
福建	99.77	99.87	99.53	100.00	—	—	—
江西	95.83	99.33	99.68	—	98.73	94.84	100.00
山东	87.75	98.59	99.44	—	99.72	99.77	99.82
河南	99.24	98.79	99.65	98.70	97.73	96.83	99.96
湖北	97.53	98.85	99.67	100.00	—	—	—
湖南	97.52	83.41	99.31	—	—	—	—
广东	75.10	93.06	94.10	—	—	—	—
四川	92.63	67.47	99.99	—	—	—	—
贵州	63.60	78.83	97.96	—	—	—	—
广西	92.76	97.38	100.00	—	—	—	—
重庆	33.40	88.92	99.78	—	100.00	98.41	100.00
云南	95.04	97.45	94.05	—	94.81	96.02	99.02
陕西	99.33	98.96	92.56	—	—	—	—
甘肃	99.46	99.84	100.00	100.00	99.66	89.53	100.00
宁夏	97.93	99.54	99.98	—	—	—	—
新疆	74.93	72.04	99.97	50.00	100.00	50.00	100.00

附表 7 我国 2016 年烧结机头、烧结机尾、球团焙烧烟气分省小时浓度达标率分析

（按照新建排放限值考核） 单位：%

省（区、市）	烧结机头			烧结机尾	球团焙烧		
	PM_{10}	SO_2	NO_x	PM_{10}	PM_{10}	SO_2	NO_x
全国	99.18	99.65	99.69	99.75	99.73	99.65	99.95
天津	100.00	99.97	99.97	99.04	100.00	99.98	100.00
河北	99.85	99.94	99.94	99.99	99.81	99.94	99.95
山西	94.03	99.36	99.74	—	—	—	—
内蒙古	98.99	99.42	99.92	100.00	—	—	—
辽宁	99.19	99.60	99.97	—	99.20	98.06	99.76
吉林	99.77	99.76	95.66	99.46	99.75	98.83	99.67
黑龙江	95.63	99.66	100.00	—	90.79	95.59	99.81
上海	99.99	100.00	99.98	—	—	—	—
江苏	99.75	99.77	99.83	—	—	—	—
浙江	99.90	99.65	100.00	—	—	—	—
安徽	99.81	99.58	99.77	100.00	100.00	97.52	100.00
福建	100.00	99.76	99.91	100.00	—	—	—
江西	98.91	99.66	99.95	—	100.00	99.76	100.00
山东	97.91	99.94	99.60	—	100.00	99.91	99.99
河南	100.00	99.94	99.99	99.70	100.00	99.58	100.00
湖北	99.29	99.76	99.93	100.00	—	—	—
湖南	99.96	99.48	100.00	—	—	—	—
广东	97.90	99.21	96.15	100.00	—	—	—
广西	91.17	99.84	99.40	—	—	—	—
重庆	100.00	99.09	99.68	—	—	—	—
四川	99.01	99.43	99.99	—	—	—	—
贵州	90.09	82.80	96.59	—	—	—	—
云南	99.77	99.58	98.81	—	99.08	99.99	99.89
陕西	99.98	99.83	99.26	—	—	—	—
甘肃	96.42	98.77	99.98	87.30	98.71	99.06	100.00
宁夏	99.98	99.85	100.00	—	—	—	—
新疆	96.77	98.61	86.28	—	99.81	92.64	100.00

附表 8 我国 2017 年烧结机头、烧结机尾、球团焙烧烟气分省小时浓度达标率分析

（按照新建排放限值考核） 单位：%

省（区、市）	烧结机头			烧结机尾	球团焙烧		
	PM_{10}	SO_2	NO_x	PM_{10}	PM_{10}	SO_2	NO_x
全国	100.00	99.98	100.00	99.83	99.96	99.95	99.99
天津	99.92	99.96	99.94	99.96	100.00	100.00	100.00
河北	99.39	99.89	99.94	99.99	99.97	99.97	100.00
山西	99.89	99.90	99.98	—	—	—	—
内蒙古	99.61	99.80	99.76	100.00	—	—	—
辽宁	99.38	99.91	99.99	100.00	100.00	99.73	99.85
吉林	100.00	100.00	99.96	98.34	99.74	99.60	99.99
黑龙江	99.97	99.97	100.00	—	100.00	99.61	100.00
上海	99.96	99.87	99.19	—	—	—	—
江苏	99.87	99.98	99.99	—	—	—	—
浙江	99.95	99.98	99.99	—	—	—	—
安徽	99.99	99.92	99.98	100.00	100.00	99.78	99.99
福建	99.87	99.94	99.98	100.00	—	—	—
江西	99.87	99.98	99.76	100.00	100.00	99.98	100.00
山东	100.00	100.00	100.00	99.72	100.00	99.99	100.00
河南	99.44	99.92	98.86	99.99	99.99	99.99	100.00
湖北	100.00	98.76	99.99	—	—	—	—
湖南	99.72	99.76	97.27	—	—	—	—
广东	100.00	99.98	100.00	100.00	—	—	—
广西	99.11	99.87	96.50	—	—	—	—
重庆	99.93	87.99	99.95	—	—	—	—
四川	97.22	99.95	99.99	50.65	—	—	—
贵州	97.84	98.30	94.92	—	—	—	—
云南	99.88	99.94	99.93	—	99.84	99.99	99.98
陕西	99.91	99.93	99.72	—	—	—	—
甘肃	99.93	100.00	100.00	95.83	99.48	99.44	100.00
宁夏	99.58	99.86	99.98	—	—	—	—
新疆	99.43	99.79	89.91	99.83	99.93	99.98	100.00

附表 9 我国 2018 年烧结机头、烧结机尾、球团焙烧烟气分省小时浓度达标率分析

（按照新建排放限值考核） 单位：%

省（区、市）	烧结机头			烧结机尾	球团焙烧		
	PM_{10}	SO_2	NO_x	PM_{10}	PM_{10}	SO_2	NO_x
全国	99.88	99.89	99.88	99.81	99.97	99.98	99.99
天津	99.99	100.00	99.99	100.00	100.00	100.00	100.00
河北	99.96	99.98	99.99	99.99	99.99	99.99	100.00
山西	99.92	99.98	99.96	—	—	—	—
内蒙古	99.87	99.82	100.00	99.92	—	—	—
辽宁	99.60	99.76	99.86	99.64	100.00	99.87	99.80
吉林	99.55	99.94	100.00	98.08	99.95	99.91	100.00
黑龙江	99.98	99.82	99.95	—	99.16	100.00	99.99
上海	99.99	100.00	100.00	—	—	—	—
江苏	99.73	99.98	99.93	99.98	—	—	—
浙江	99.98	99.98	99.99	—	—	—	—
安徽	99.94	99.98	99.99	100.00	100.00	99.82	100.00
福建	99.95	99.98	99.98	100.00	—	—	—
江西	99.65	99.91	99.96	100.00	100.00	99.99	99.99
山东	99.97	99.97	99.82	99.84	100.00	100.00	100.00
河南	100.00	100.00	100.00	100.00	99.99	100.00	99.98
湖北	99.69	99.69	99.56	100.00	—	—	—
湖南	99.55	99.77	99.99	—	99.90	100.00	100.00
广东	99.94	99.97	99.90	99.94	—	—	—
广西	99.88	98.72	97.56	—	—	—	—
重庆	98.91	99.21	99.79	—	—	—	—
四川	99.68	99.46	99.99	99.27	100.00	99.96	100.00
贵州	99.93	99.97	99.22	99.24	—	—	—
云南	99.89	99.84	99.86	99.38	99.94	100.00	99.99
陕西	99.88	99.99	99.19	—	—	—	—
甘肃	99.69	99.99	100.00	98.32	99.44	99.66	99.91
宁夏	—	—	—	—	—	—	—
新疆	100.00	100.00	100.00	—	100.00	100.00	99.98

附表 10 我国及重点地区 2018 年烧结机头、烧结机尾、球团焙烧烟气分省小时浓度达标率分析

（按照超低排放限值考核） 单位：%

省（区、市）及重点区域	烧结机头			烧结机尾	球团焙烧		
	PM_{10}	SO_2	NO_x	PM_{10}	PM_{10}	SO_2	NO_x
全国	35.03	39.36	6.09	70.99	48.48	39.75	82.10
天津	56.24	52.75	1.45	95.04	99.97	69.10	50.51
河北	42.72	50.72	9.96	94.85	56.72	48.12	93.26
山西	37.86	40.78	6.84	—	—	—	—
内蒙古	13.27	5.36	2.53	22.77	—	—	—
辽宁	20.68	24.55	4.94	64.05	18.22	10.10	6.01
吉林	28.79	15.42	8.34	26.32	42.69	6.40	80.06
黑龙江	47.94	37.88	15.07	—	2.88	15.75	97.54
上海	62.17	99.65	16.30	—	—	—	—
江苏	28.58	28.48	1.34	39.02	—	—	—
浙江	35.30	52.86	0.72	—	—	—	—
安徽	48.68	50.81	8.53	83.95	24.59	19.87	99.02
福建	51.71	54.59	0.06	50.52	—	—	—
江西	8.88	28.78	0.85	66.98	7.18	19.95	91.78
山东	79.82	44.15	1.36	94.83	81.08	27.99	99.95
河南	30.85	41.11	0.65	67.39	36.78	30.87	69.71
湖北	10.54	22.86	3.73	0.22	—	—	—
湖南	9.33	24.13	5.61	—	32.22	45.50	35.10
广东	1.27	14.33	1.15	36.80	—	—	—
广西	8.46	16.01	4.32	—	—	—	—
重庆	34.79	8.85	5.80	—	—	—	—
四川	7.43	12.81	5.59	41.45	2.66	1.99	98.30
贵州	1.39	89.98	3.92	0.88	—	—	—
云南	2.55	25.25	1.30	37.22	25.12	9.48	1.82
陕西	6.08	25.34	1.17	—	—	—	—
甘肃	3.56	32.74	6.22	43.98	70.12	9.51	92.98
宁夏	—	—	—	—	—	—	—
新疆	56.15	17.92	0.89	—	2.91	15.41	2.76
“2+26”城市	47.81	51.44	9.40	96.57	63.07	50.89	97.17
汾渭平原	32.55	41.11	7.41	—	—	—	—
长三角地区	41.38	47.23	5.83	63.99	24.59	19.87	99.02
粗钢（100 万 t 以下）	35.17	38.20	8.60	78.97	39.94	29.32	54.81
粗钢（100 万～1 000 万 t）	34.91	42.21	7.10	67.10	55.35	41.07	87.51
粗钢（1 000 万 t 以上）	50.88	41.19	3.91	98.32	5.23	7.27	98.04
烧结产量（90 万 t 以下）	34.75	41.28	7.45	69.87	—	—	—
烧结产量（90 万～180 万 t）	36.41	38.95	8.20	65.01	—	—	—
烧结产量（180 万 t 以上）	41.32	42.92	5.47	84.07	—	—	—
球团产量（60 万 t 以下）	—	—	—	—	43.26	32.06	61.27
球团产量（60 万～120 万 t）	—	—	—	—	48.99	33.44	92.39
球团产量（120 万 t 以上）	—	—	—	—	57.83	48.28	87.08

附表 11 不同规模不同工艺的理论烟气量

单位：m^3/t（标态）

工序	工艺	分级	分级标准	烟气量
焦化	备煤	一级	产能≥100 万 t/a	604
		二级	100 万 t/a>产能≥60 万 t/a	601
		三级	60 万 t/a>产能	596.4
	装煤	一级	产能≥100 万 t/a	556.67
		二级	100 万 t/a>产能≥60 万 t/a	522
		三级	60 万 t/a>产能	525.9
	推焦	一级	每组产能≥100 万 t/a	1 670.33
		二级	100 万 t/a>每组产能≥60 万 t/a	1 624
		三级	每组产能<60 万 t/a	1 624.1
	焦炉烟囱	一级	每组产能≥100 万 t/a	1 471.33
		二级	100 万 t/a>每组产能≥60 万 t/a	1 548.67
		三级	每组产能<60 万 t/a	1 548.67
	熄焦（干法）	一级	干熄焦炉≥100 万 t/a	928
		二级	100 万 t/a>干熄焦炉≥60 万 t/a	928
		三级	干熄焦炉<60 万 t/a	928
烧结	燃料破碎	一级	规格≥180 m^2	74.5
		二级	180 m^2>规格≥90 m^2	73.67
		三级	90 m^2>规格	73.8
	配料	一级	规格≥180 m^2	555
		二级	180 m^2>规格≥90 m^2	557.67
		三级	90 m^2>规格	639.6
	机头	一级	有脱硫、有脱硝（干法）	1 356.75
		一级	有脱硫、有脱硝（湿法）	1 510.5
		二级	有脱硫、无脱硝（湿法）	3 053.8
		二级	有脱硫、无脱硝（干法）	2 743
		三级	无脱硫	2 743
	机尾	一级	规格≥180 m^2	1 329
		二级	180 m^2>规格≥90 m^2	1 330.63
		三级	90 m^2>规格	1 337.9
	整粒及成品筛分	一级	规格≥180 m^2	439.2
		二级	180 m^2>规格≥90 m^2	442.75
		三级	90 m^2>规格	442.8

工序	工艺	分级	分级标准	烟气量
球团	焙烧	一级	有脱硫（干法）	2 750.75
球团	焙烧	一级	有脱硫（湿法）	3 062.5
球团	焙烧	二级	无脱硫	3 301
球团	整粒	一级	产能≥120 万 t/a	1 948
球团	整粒	二级	120 万 t/a>产能≥60 万 t/a	2 020
球团	整粒	三级	60 万 t/a>产能	1 947.88
球团	配料	一级	产能≥120 万 t/a	10 883.33
球团	配料	二级	120 万 t/a>产能≥60 万 t/a	11 318.6
球团	配料	三级	60 万 t/a>产能	11 318.75
高炉	矿槽	一级	规格≥1 200 m^3	3 465
高炉	矿槽	二级	1 200 m^3>规格≥400 m^3	3 457.2
高炉	矿槽	三级	400 m^3>规格	3 444.6
高炉	热风炉	一级	规格≥1 200 m^3	1 267
高炉	热风炉	二级	1 200 m^3>规格≥400 m^3	1 571
高炉	热风炉	三级	400 m^3>规格	2 001
高炉	出铁场	一级	规格≥1 200 m^3	960
高炉	出铁场	二级	1 200 m^3>规格≥400 m^3	985.2
高炉	出铁场	三级	400 m^3>规格	1 515.75
转炉	铁水预处理	一级	规格≥100 t	747
转炉	铁水预处理	二级	100 t>规格≥30 t	723
转炉	铁水预处理	三级	30 t>规格	746.8
转炉	转炉一次	一级	规格≥100 t	633.6
转炉	转炉一次	二级	100 t>规格≥30 t	660.2
转炉	转炉一次	三级	30 t>规格	579.5
转炉	转炉一次	一级	规格≥100 t	1 451
转炉	转炉一次	二级	100 t>规格≥30 t	1 325.67
转炉	转炉一次	三级	30 t>规格	1 812.6
转炉	地下料仓	一级	规格≥100 t	481
转炉	地下料仓	二级	100 t>规格≥30 t	439
转炉	地下料仓	三级	30 t>规格	472.2
电炉	出钢+第四孔	一级	规格≥100 t	8 955.5
电炉	出钢+第四孔	二级	100 t>规格≥30 t	9 002.67
电炉	出钢+第四孔	三级	30 t>规格	14 066.8
轧钢	加热炉	一级		289.33

附表 12 2015 年基于 CEMS 的烧结、球团的污染物排放因子 单位：kg/t

省（区、市）	排放因子						
	烧结机头			烧结机尾	球团焙烧		
	PM_{10}	SO_2	NO_x	PM_{10}	PM_{10}	SO_2	NO_x
上海	0.043	0.092	0.612	—	—	—	—
贵州	0.18	0.509	0.39	—	—	—	—
福建	0.051	0.193	0.457	0.01	—	—	—
河北	0.064	0.182	0.433	0.019	0.042	0.14	0.252
天津	0.04	0.096	0.447	0.014	0.029	0.105	0.209
浙江	0.06	0.372	0.372	—	—	—	—
山东	0.097	0.159	0.393	—	0.046	0.178	0.683
山西	0.089	0.248	0.32	—	0.09	0.128	0.463
安徽	0.057	0.204	0.525	0.027	0.025	0.283	—
陕西	0.056	0.186	0.579	—	—	—	—
黑龙江	—	—	—	—	0.081	0.345	0.428
江苏	0.048	0.166	0.545	—	—	—	—
河南	0.084	0.255	0.433	0.019	0.077	0.218	0.239
四川	0.094	0.551	0.301	—	—	—	—
吉林	0.068	0.361	0.281	—	0.044	0.423	0.567
广东	0.127	0.292	0.458	—	—	—	—
云南	0.062	0.266	0.485	—	0.165	0.243	0.376
甘肃	0.121	—	1.407	0.01	0.07	0.408	—
江西	0.117	0.363	0.459	—	0.046	0.396	—
辽宁	0.066	0.252	0.361	—	0.054	0.295	0.267
湖南	0.084	0.331	0.417	—	—	—	—
湖北	0.066	0.296	0.666	0.031	—	—	—
新疆	0.072	0.495	0.231	0.034	—	1.099	0.297
重庆	—	0.49	0.363	—	0.036	0.173	—
内蒙古	—	—	—	0.05	—	—	—
广西	0.084	0.23	0.363	—	—	—	—
全国	0.071	0.212	0.431	0.02	0.05	0.173	0.32

附表 13 2015 年基于 CEMS 的焦化、高炉出铁场、高炉热风炉的污染物排放因子 单位：kg/t

省（区、市）	排放因子						
	焦化			高炉出铁场	高炉热风炉		
	PM_{10}	SO_2	NO_x	PM_{10}	PM_{10}	SO_2	NO_x
上海	—	—	—	—	—	—	—
贵州	—	—	—	—	—	—	—
福建	—	—	—	—	—	—	—
河北	0.031	0.067	0.632	0.031	—	—	—
天津	—	—	—	0.029	—	—	—
浙江	—	—	—	—	—	—	—
山东	—	—	—	0.023	—	—	—
山西	—	0.11	0.501	—	—	0.096	—
安徽	—	—	—	—	—	—	—
陕西	—	—	—	—	0.008	0.053	—
黑龙江	—	—	—	—	—	—	—
江苏	—	—	—	—	0.028	0.048	—
河南	0.031	0.104	0.681	0.044	0.014	0.046	—
广西	—	—	—	—	—	—	—
吉林	—	—	—	—	—	—	—
广东	—	—	—	—	—	—	—
云南	—	—	—	—	0.019	0.021	—
甘肃	0.029	0.045	—	0.067	—	—	—
江西	0.047	0.352	0.589	0.081	—	—	—
辽宁	—	—	—	0.037	—	—	—
湖南	—	—	—	—	—	—	—
湖北	—	—	—	—	—	—	—
新疆	—	—	—	0.021	0.03	0.034	—
重庆	0.043	0.296	0.565	—	0.009	0.039	0.071
四川	—	—	—	—	—	—	—
全国	0.034	0.134	0.596	0.038	0.017	0.044	0.071

附表 14 2015 年基于 CEMS 的转炉二次和轧钢热处理炉的污染物排放因子 单位：kg/t

省（区、市）	排放因子			
	转炉二次	轧钢热处理炉		
	PM_{10}	PM_{10}	SO_2	NO_x
上海	—	—	—	—
贵州	—	—	—	—
福建	—	—	—	—
河北	0.015	0.015	0.07	—
天津	0.017	—	—	—
浙江	—	—	—	—
山东	—	—	—	—
山西	—	—	—	—
安徽	—	—	—	—
陕西	—	—	—	—
黑龙江	—	0.02	0.023	0.137
江苏	—	—	—	—
河南	0.023	—	—	—
广西	—	—	—	—
吉林	—	—	—	—
广东	—	—	—	—
云南	—	—	—	—
甘肃	—	0.043	0.106	—
江西	—	—	—	—
辽宁	—	—	—	—
湖南	—	—	—	—
湖北	—	—	—	—
新疆	0.010	0.038	0.054	—
重庆	—	—	—	—
四川	—	—	—	—
全国	0.017	0.026	0.104	0.184

附表 15 我国 2012 钢铁行业大气污染物排放量（t）及排放绩效值（kg/t）

省（区、市）	粗钢产量/万 t	SO_2（排放绩效）	NO_x（排放绩效）	PM_{10}（排放绩效）	$PM_{2.5}$（排放绩效）	VOCs（排放绩效）
北京	0.00	11.35（0）	61.91（0）	2.07（0）	1.29（0）	68.48（0）
海南	0.00	1.88（0）	10.24（0）	0.34（0）	0.21（0）	25.82（0）
宁夏	99.68	2 458.9（2.47）	2 190.3（2.2）	956.72（0.96）	469.63（0.47）	1 145.55（1.15）
青海	141.77	3 453.62（2.44）	2 992.3（2.11）	1 692.3（1.19）	871.45（0.61）	1 041.27（0.73）
山西	4 023.35	96 090.83（2.39）	111 481.66（2.77）	43 484.59（1.08）	21 031.18（0.52）	44 523.53（1.11）
重庆	476.60	17 035.08（3.57）	16 126.9（3.38）	4 697.88（0.99）	2 361.81（0.5）	10 984.76（2.3）
贵州	530.62	14 599.12（2.75）	17 556.14（3.31）	5 004.31（0.94）	2 578.41（0.49）	7 913.07（1.49）
安徽	649.57	15 862.24（2.44）	20 685.17（3.18）	9 232.46（1.42）	4 360.35（0.67）	8 401.42（1.29）
黑龙江	662.23	16 342.44（2.47）	15 562.9（2.35）	7 052.21（1.06）	3 444.18（0.52）	9 176.42（1.39）
甘肃	813.10	40 855.84（5.02）	30 693.16（3.77）	14 803.64（1.82）	7 650.63（0.94）	15 196.25（1.87）
陕西	870.53	19 363.91（2.22）	23 263.71（2.67）	7 972.76（0.92）	3 976.36（0.46）	7 176.79（0.82）
浙江	1 108.75	15 977.5（1.44）	20 128.72（1.82）	7 283.51（0.66）	3 597.62（0.32）	16 199.84（1.46）
新疆	1 130.56	33 946.25（3）	34 278.78（3.03）	14 139.84（1.25）	6 850.2（0.61）	19 109.2（1.69）
吉林	1 174.13	26 375.52（2.25）	29 307.09（2.5）	13 804.43（1.18）	6 518.36（0.56）	15 382.69（1.31）
四川	1 229.15	29 283.02（2.38）	37 859.26（3.08）	19 163.7（1.56）	8 949.26（0.73）	16 012.76（1.3）
广西	1 281.88	25 464.95（1.99）	32 298.05（2.52）	9 574.56（0.75）	4 734.04（0.37）	21 376.95（1.67）
内蒙古	1 325.75	28 070.44（2.12）	36 910.76（2.78）	14 824.34（1.12）	7 503.97（0.57）	21 007.4（1.58）
天津	1 337.60	32 610.37（2.44）	29 980.7（2.24）	10 892.6（0.81）	5 658.66（0.42）	9 266.33（0.69）
云南	1 586.94	49 957.83（3.15）	51 712.67（3.26）	21 022.1（1.32）	10 213.09（0.64）	20 759.72（1.31）
福建	1 392.96	21 780.2（1.56）	34 915.94（2.51）	12 403.52（0.89）	6 162.92（0.44）	11 550.01（0.83）
上海	1 970.91	16 010.92（0.81）	41 091.5（2.08）	10 189.36（0.52）	5 431.24（0.28）	30 602.91（1.55）
江西	2 126.94	55 838.28（2.63）	53 050.93（2.49）	19 853.16（0.93）	10 041.72（0.47）	27 664.98（1.3）
河南	2 160.08	46 469.21（2.15）	58 293.23（2.7）	22 056.75（1.02）	10 955.72（0.51）	22 191.32（1.03）
湖北	2 584.48	61 144.78（2.37）	67 979.03（2.63）	22 720（0.88）	11 707.44（0.45）	45 504.56（1.76）
辽宁	4 893.87	159 257.97（3.25）	160 204.42（3.27）	57 940.38（1.18）	28 452.87（0.58）	63 840.74（1.3）
山东	5 669.44	136 121.58（2.4）	165 809.13（2.92）	56 717（1）	28 217.95（0.5）	68 207.49（1.2）
江苏	7 340.66	141 332.13（1.93）	163 963.65（2.23）	58 902.79（0.8）	30 845.83（0.42）	81 350.96（1.11）
河北	18 269.07	429 661.44（2.35）	523 260.63（2.86）	196 125.03（1.07）	95 913.18（0.53）	192 631.92（1.05）
合计	67 014.34	1 586 551.71（2.37）	1 842 585.53（2.75）	682 039.42（1.02）	338 631.46（0.51）	817 909.77（1.22）

附表 16　我国 2015 年各省污染物排放量（t）及排放绩效值（kg/t）

省（区、市）	粗钢产量/万 t	SO_2（排放绩效）	NO_x（排放绩效）	PM_{10}（排放绩效）	$PM_{2.5}$（排放绩效）	VOCs（排放绩效）
北京	0.00	0.00（0.00）	0.00（0.00）	0.00（0.00）	0.00（0.00）	60.22（0.00）
海南	0.00	0.00（0.00）	0.00（0.00）	0.00（0.00）	0.00（0.00）	3.47（0.00）
青海	122.26	530.85（0.43）	1 027.38（0.84）	539.8（0.44）	241.84（0.2）	834.31（0.68）
宁夏	135.574	710.37（0.52）	1 399.46（1.03）	694.9（0.51）	308.66（0.23）	1 641.79（1.21）
广西	1 861.268	11 760.89（0.63）	20 046.58（1.08）	10 311.44（0.55）	4 617.14（0.25）	29 590.77（1.59）
新疆	702.118	9 513.26（1.35）	6 192.99（0.88）	3 914.97（0.56）	1 727.07（0.25）	12 232.57（1.74）
贵州	335.981	3 025.37（0.9）	3 318.98（0.99）	2 093.21（0.62）	971.48（0.29）	6 369.51（1.9）
重庆	359.93	4 470.21（1.24）	4 312.86（1.2）	2 129.03（0.59）	930.27（0.26）	8 071.64（2.24）
黑龙江	397.713	1 692.25（0.43）	3 390.79（0.85）	1 797.59（0.45）	789.71（0.2）	3 278.76（0.82）
甘肃	781.231	3 953.01（0.51）	15 459.63（1.98）	4 112.82（0.53）	1 935.82（0.25）	15 027.57（1.92）
四川	915.68	17 747.95（1.94）	15 459.53（1.69）	9 369.6（1.02）	4 118.2（0.45）	26 098.99（2.85）
陕西	967.24	3 351.19（0.35）	8 531.01（0.88）	3 439.19（0.36）	1 510.67（0.16）	5 927.26（0.61）
吉林	1 036.64	6 995.72（0.67）	9 062.14（0.87）	4 527.74（0.44）	1 994.8（0.19）	15 398.41（1.49）
浙江	1 168.016	7 895.19（0.68）	9 699.28（0.83）	4 673.45（0.4）	2 089.28（0.18）	16 235.67（1.39）
广东	1 192.71	7 008.42（0.59）	11 770.12（0.99）	6 268.66（0.53）	2 867.98（0.24）	17 598.59（1.48）
天津	1 335.147	3 676.95（0.28）	12 501.99（0.94）	5 623.87（0.42）	2 374.07（0.18）	9 006.64（0.67）
云南	1 409.887	5 949.78（0.42）	11 206.7（0.79）	5 760.91（0.41）	2 524.99（0.18）	10 312.6（0.73）
上海	1 779.593	6 356.71（0.36）	21 448.47（1.21）	7 062.25（0.4）	3 021.45（0.17）	28 034.46（1.58）
内蒙古	1 827.46	7 456.15（0.41）	15 404.51（0.84）	8 231.09（0.45）	3 665.74（0.2）	21 898.68（1.2）
湖南	1 854.639	11 947.11（0.64）	17 176.17（0.93）	8 985.84（0.48）	4 007.47（0.22）	23 484.07（1.27）
福建	1 866.046	6 521.78（0.35）	13 665.03（0.73）	6 128.64（0.33）	2 709.32（0.15）	13 744.73（0.74）
江西	2 184.085	15 090.3（0.69）	21 749.78（1）	12 108.28（0.55）	5 637.78（0.26）	27 419.74（1.26）
安徽	2 460.426	14 580.28（0.59）	32 355.74（1.32）	12 187.97（0.5）	5 346.35（0.22）	36 660.52（1.49）
湖北	2 537.396	15 064.26（0.59）	31 484.68（1.24）	11 490.44（0.45）	5 062.09（0.2）	43 749.91（1.72）
河南	2 832.45	13 142.91（0.46）	25 647.85（0.91）	13 843.18（0.49）	6 205.49（0.22）	27 445.22（0.97）
山西	3 612.837	20 466.89（0.57）	27 458.26（0.76）	18 458.98（0.51）	8 244.71（0.23）	38 408.79（1.06）
辽宁	5 476.38	35 279.82（0.64）	49 403.34（0.9）	28 271.68（0.52）	12 250.98（0.22）	67 802.98（1.24）
山东	6 589.661	27 498.53（0.42）	63 660.07（0.97）	31 478.61（0.48）	14 452.6（0.22）	78 212.25（1.19）
江苏	9 028.282	34 229.07（0.38）	91 197.89（1.01）	37 081.99（0.41）	16 375.9（0.18）	88 084.07（0.98）
河北	19 874.749	78 868.52（0.4）	176 518.68（0.89）	74 213.91（0.37）	34 355.42（0.17）	170 234.62（0.86）
全国	74 645.399	374 783.73（0.5）	720 549.88（0.97）	334 800.03（0.45）	150 337.3（0.2）	842 868.81（1.13）

附表 17 我国 2018 年各省污染物排放量（t）及排放绩效值（kg/t）

省（区、市）	粗钢产量/万 t	SO_2（排放绩效）	NO_x（排放绩效）	PM_{10}（排放绩效）	$PM_{2.5}$（排放绩效）	VOCs（排放绩效）
北京	0.00	0.00（0.00）	0.00（0.00）	0.00（0.00）	0.00（0.00）	92.15（0.00）
安徽	2 945.131	9 300.1（0.32）	24 665.84（0.84）	10 417.49（0.35）	4 179.91（0.14）	38 578.47（1.31）
福建	2 355.358	4 299.4（0.18）	15 270.21（0.65）	6 199.99（0.26）	2 502.91（0.11）	16 474.99（0.7）
甘肃	802.416	2 705.6（0.34）	4 156.46（0.52）	2 825.14（0.35）	1 170.42（0.15）	12 708.85（1.58）
广东	2 349.684	6 500.6（0.28）	19 880.16（0.85）	8 745.88（0.37）	3 475.44（0.15）	35 060.27（1.49）
广西	2 441.872 5	24 270.97（0.99）	22 703.88（0.93）	9 619.42（0.39）	3 979.68（0.16）	34 736.37（1.42）
贵州	450.186	674.03（0.15）	3 321.76（0.74）	1 487.95（0.33）	616.3（0.14）	5 718.09（1.27）
河北	22 380.802	51 352.27（0.23）	134 028.64（0.6）	54 422.07（0.24）	22 841.84（0.1）	188 957.71（0.84）
河南	2 900.184	9 176.44（0.32）	19 773.69（0.68）	10 026.74（0.35）	4 141.39（0.14）	26 463.16（0.91）
黑龙江	748.211	1 528.66（0.2）	3 217.23（0.43）	1 978.61（0.26）	765.9（0.1）	4 695.52（0.63）
吉林	1 321.796	5 156.71（0.39）	9 985.18（0.76）	5 132.8（0.39）	2 093.26（0.16）	18 598.65（1.41）
湖北	3 000.448	10 931.11（0.36）	23 137.46（0.77）	9 509.91（0.32）	3 841.98（0.13）	28 355.59（0.95）
湖南	2 306.255	7 701.8（0.33）	14 668.8（0.64）	7 993.4（0.35）	3 364.51（0.15）	25 672.33（1.11）
江苏	10 801.186	29 515.99（0.27）	75 497.7（0.7）	31 474.36（0.29）	12 368.18（0.11）	97 923.3（0.91）
江西	3 197.686	8 287.35（0.26）	22 823.05（0.71）	9 560.59（0.3）	4 025.57（0.13）	27 923.6（0.87）
辽宁	6 839.342	29 959.42（0.44）	56 067.97（0.82）	26 809.94（0.39）	11 025.74（0.16）	56 963.9（0.83）
内蒙古	987.048	11 800.5（1.20）	15 116.48（1.53）	8 798.68（0.89）	3 511.54（0.36）	13 055.9（1.32）
宁夏	245.892	4 754.03（1.93）	13 314.53（5.41）	4 364.51（1.77）	1 866.27（0.76）	8 368.49（3.4）
青海	138.08	442.25（0.32）	1 181.11（0.86）	518.91（0.38）	215.39（0.16）	1 095.29（0.79）
山东	7 521.023	20 824.1（0.28）	71 528.95（0.95）	20 116.94（0.27）	8 052.12（0.11）	82 722.6（1.1）
山西	4 900.013	14 339.32（0.29）	35 486.75（0.72）	18 915.51（0.39）	7 243.37（0.15）	50 530.93（1.03）
云南	1 940.299	5 507.46（0.28）	15 878.59（0.82）	7 330.81（0.38）	3 129.77（0.16）	13 011.44（0.67）
陕西	1 293.112	3 565.56（0.28）	9 840.89（0.76）	3 870.8（0.3）	1 562.74（0.12）	9 159.28（0.71）
上海	1 598.644	2 257.24（0.14）	7 286.21（0.46）	4 676.57（0.29）	1 797.02（0.11）	26 061.65（1.63）
四川	1 940.557	11 817.26（0.61）	17 094.37（0.88）	9 101.35（0.47）	3 847.54（0.2）	22 406.86（1.15）
天津	1 266.344	2 371.25（0.19）	9 201.89（0.73）	3 576.1（0.28）	1 353.6（0.11）	7 578.6（0.6）
新疆	1 167.412	5 378.79（0.46）	7 731.1（0.66）	4 008.67（0.34）	1 585.61（0.14）	13 560.15（1.16）
浙江	1 006.726	2 499.25（0.25）	7 041.3（0.7）	3 226.71（0.32）	1 277.02（0.13）	13 445.88（1.34）
重庆	644.208	3 327.47（0.52）	5 751.96（0.89）	2 565.65（0.4）	1 046.27（0.16）	12 181.67（1.89）
合计	89 489.916	290 244.92（0.32）	665 652.16（0.74）	287 275.53（0.32）	116 881.28（0.13）	892 101.69（1）

附表 18 我国 2012 年单位面积排放绩效 单位：kg/（10^4 t·km^2）

省（区、市）	SO_2	NO_x	PM_{10}
北京	0	0	0
海南	0	0	0
宁夏	0.371 5	0.330 9	0.144 5
青海	0.035 0	0.030 3	0.017 1
重庆	0.433 8	0.410 6	0.119 6
贵州	0.156 2	0.187 8	0.053 5
安徽	0.175 6	0.229 0	0.102 2
黑龙江	0.054 5	0.051 9	0.023 5
甘肃	0.118 8	0.089 3	0.043 0
陕西	0.108 2	0.130 0	0.044 5
湖南	0.128 5	0.143 6	0.048 4
广东	0.112 1	0.144 4	0.043 5
浙江	0.138 3	0.174 3	0.063 1
新疆	0.018 3	0.018 5	0.007 6
吉林	0.118 8	0.132 0	0.062 2
四川	0.049 0	0.063 4	0.032 1
广西	0.083 7	0.106 2	0.031 5
内蒙古	0.017 8	0.023 4	0.009 4
天津	2.045 8	1.880 8	0.683 3
福建	0.126 8	0.203 3	0.072 2
云南	0.080 7	0.083 6	0.034 0
上海	1.301 7	3.340 7	0.828 4
江西	0.157 3	0.149 4	0.055 9
河南	0.128 8	0.161 6	0.061 1
湖北	0.127 2	0.141 4	0.047 3
山西	0.152 4	0.176 8	0.069 0
辽宁	0.221 0	0.222 3	0.080 4
山东	0.152 1	0.185 2	0.063 4
江苏	0.186 7	0.216 6	0.077 8
河北	0.125 3	0.152 6	0.057 2

附表 19 我国 2015 年单位面积排放绩效 单位：kg/（10^4 t·km^2）

省（区、市）	SO_2	NO_x	PM_{10}
北京	0	0	0
海南	0	0	0
青海	0.006 2	0.012 1	0.006 3
宁夏	0.078 3	0.155 1	0.076 8
贵州	0.051 1	0.056 2	0.035 2
重庆	0.150 5	0.145 6	0.071 6
黑龙江	0.009 5	0.018 8	0.009 9
新疆	0.008 2	0.005 4	0.003 4
甘肃	0.012 1	0.046 8	0.012 5
四川	0.039 9	0.034 8	0.021 0
陕西	0.017 0	0.042 8	0.017 5
吉林	0.035 4	0.046 0	0.023 3
浙江	0.065 3	0.079 7	0.038 4
广东	0.032 8	0.055 1	0.029 5
天津	0.235 0	0.788 8	0.352 4
云南	0.010 8	0.020 3	0.010 5
上海	0.576 8	1.938 8	0.640 9
内蒙古	0.003 5	0.007 1	0.003 8
湖南	0.030 3	0.044 0	0.018 0
广西	0.026 6	0.045 5	0.023 2
福建	0.028 4	0.059 2	0.026 8
江西	0.041 3	0.059 9	0.032 9
安徽	0.042 4	0.094 9	0.036 0
湖北	0.031 7	0.066 7	0.024 2
河南	0.027 5	0.054 5	0.029 3
山西	0.036 4	0.048 5	0.032 5
辽宁	0.043 5	0.061 1	0.035 3
山东	0.026 6	0.061 4	0.030 4
江苏	0.036 9	0.098 0	0.039 8
河北	0.021 3	0.047 4	0.019 7

附表 20　我国 2018 年单位面积排放绩效　　单位：kg/（10^4 t·km^2）

省（区、市）	SO_2	NO_x	PM_{10}
北京	0	0	0
海南	0	0	0
安徽	0.020 7	0.062 3	0.025 4
福建	0.014 4	0.053	0.021 4
甘肃	0.006 9	0.013 3	0.008 3
广东	0.013 4	0.049 1	0.020 7
广西	0.040 1	0.041	0.016 6
贵州	0.006 7	0.043 7	0.018 8
河北	0.011 8	0.032 3	0.013
河南	0.018 2	0.041 6	0.020 7
黑龙江	0.004 4	0.009 6	0.005 8
湖北	0.018 8	0.042 2	0.017
湖南	0.014 7	0.031 2	0.016 4
吉林	0.018 9	0.041 6	0.020 5
江苏	0.025 3	0.069	0.028 3
江西	0.014 6	0.043 6	0.017 9
辽宁	0.029 2	0.056 2	0.026 6
内蒙古	0.010 1	0.012 9	0.007 5
宁夏	0.291 2	0.815 5	0.267 3
青海	0.004 6	0.012 3	0.005 4
山东	0.016 3	0.061 4	0.016 9
山西	0.017 6	0.047 3	0.024 6
陕西	0.013 3	0.037 1	0.014 6
重庆	0.055 8	0.115 2	0.048 3
上海	0.146 8	0.809 8	0.468 7
四川	0.012 2	0.018 4	0.009 6
天津	0.157 1	0.609 8	0.237
新疆	0.002 7	0.004 2	0.002 1
云南	0.007 3	0.021	0.009 7
浙江	0.021	0.07	0.030 8

附表 21 我国 2012 年、2015 年和 2018 年钢铁不同工艺污染物排放量 单位：万 t

污染物	年份	烧结	球团	焦化	高炉	转炉	电炉	轧钢	合计
SO_2	2012	110.29	30.16	15.08	1.94	0.00	0.00	1.18	158.65
	2015	22.64	3.10	3.21	3.42	0.00	0.00	5.11	37.48
	2018	18.82	2.53	1.67	3.32	0.00	0.00	2.68	29.02
NO_x	2012	139.09	15.72	8.31	14.70	0.00	0.00	6.44	184.26
	2015	45.68	4.29	6.98	5.17	0.00	0.00	9.94	72.05
	2018	52.40	2.10	2.85	2.58	0.00	0.00	6.63	66.57
PM_{10}	2012	31.24	15.67	2.18	8.92	8.01	1.96	0.21	68.19
	2015	17.33	1.28	1.67	9.10	2.74	0.09	1.28	33.48
	2018	15.00	1.32	1.15	8.16	2.65	0.06	0.38	28.73
$PM_{2.5}$	2012	16.25	6.80	0.83	3.30	5.09	1.46	0.13	33.86
	2015	8.10	0.55	0.63	3.27	1.61	0.06	0.80	15.03
	2018	6.59	0.57	0.43	2.24	1.57	0.04	0.24	11.69
BC	2012	0.16	0.07	0.25	0.33	0.06	0.21	0.00	1.08
	2015	0.08	0.01	0.19	0.33	0.02	0.01	0.01	0.64
	2018	0.07	0.01	0.13	0.22	0.02	0.01	0.00	0.45
OC	2012	0.36	0.15	0.29	0.20	0.45	0.13	0.01	1.59
	2015	0.18	0.01	0.22	0.20	0.14	0.01	0.07	0.83
	2018	0.15	0.01	0.15	0.14	0.14	0.00	0.02	0.61
EC	2012	0.07	0.03	0.00	0.03	0.04	0.01	0.00	0.18
	2015	0.03	0.00	0.00	0.03	0.01	0.00	0.01	0.08
	2018	0.03	0.00	0.00	0.02	0.01	0.00	0.00	0.06
CO	2012	1 994.05	0.98	18.48	1 460.94	2 175.54	46.88	59.68	5 756.55
	2015	1 622.12	0.86	18.68	1 113.76	619.59	34.51	69.32	3 478.85
	2018	1 869.11	1.17	14.66	1 293.07	712.60	72.44	94.44	4 057.49
VOCs	2012	22.66	3.85	34.19	0.00	6.18	0.52	14.39	81.79
	2015	25.35	3.37	34.56	0.00	4.25	0.23	16.53	84.29
	2018	29.20	4.57	27.12	0.00	4.89	0.48	22.95	89.21

附表 22 我国 2012 年、2015 年和 2018 年月度粗钢产量占比

年份		1 月	2 月	3 月	4 月	5 月	6 月	7 月	8 月	9 月	10 月	11 月	12 月
2012	产量/万 t	7 183.12	5 588.3	6 158.1	6 057.5	6 123.4	6 021.3	6 169.3	5 870.3	5 794.6	5 909.6	5 747.1	5 765.6
	占比/%	9.92	7.72	8.51	8.37	8.46	8.32	8.52	8.11	8.00	8.16	7.94	7.96
2015	产量/万 t	7 210.2	6 172	6 948.3	6 891	6 995.3	6 894.6	6 583.6	6 694.4	6 611.8	6 612.4	6 331.7	6 437.2
	占比/%	8.97	7.68	8.64	8.57	8.70	8.58	8.19	8.33	8.23	8.23	7.88	8.01
2018	产量/万 t	7 397.8	6 332.59	7 398	7 669.8	8 112.7	8 019.6	8 124.1	8 032.6	8 084.5	8 255.2	7 762.1	7 612.1
	占比/%	7.97	6.82	7.97	8.27	8.74	8.64	8.75	8.66	8.71	8.90	8.36	8.20

附表 23 情景Ⅰ我国钢铁不同工艺污染物排放情况 单位：t

工序	SO_2	NO_x	PM_{10}	$PM_{2.5}$	BC	OC	EC
烧结	107 003.30	165 299.30	75 312.48	35 239.59	352.40	775.27	140.96
球团	14 983.74	13 379.49	7 014.80	3 042.32	30.42	66.93	12.17
焦化	13 142.66	22 773.37	3 621.50	1 392.52	417.75	487.38	0.00
高炉	30 183.11	25 848.63	47 799.54	16 959.33	1 695.93	1 051.48	135.67
转炉	0.00	0.00	16 838.60	9 743.65	114.49	857.44	68.21
电炉	0.00	0.00	582.21	431.65	61.25	37.99	3.02
轧钢	26 197.19	66 339.58	3 738.84	2 337.15	27.46	205.67	16.36
合计	191 510.00	293 640.37	154 907.98	69 146.21	2 699.71	3 482.16	376.39

附表 24 情景 I 我国各省（区、市）钢铁企业排放量（t）和排放绩效（kg/t）

省（区、市）	粗钢量/万 t	PM_{10} 排放量（排放绩效）	SO_2 排放量（排放绩效）	NO_x 排放量（排放绩效）	$PM_{2.5}$ 排放量（排放绩效）
安徽	2 945.13	5 323.84（0.18）	6 974.04（0.24）	10 955.23（0.37）	2 399.69（0.08）
福建	2 355.36	3 504.38（0.15）	3 795.19（0.16）	6 452.49（0.27）	1 622.03（0.07）
湖南	2 306.26	3 888.19（0.17）	4 600.24（0.2）	7 008.65（0.3）	1 798.03（0.08）
甘肃	802.42	1 360.42（0.17）	1 865.46（0.23）	2 458.94（0.31）	619.57（0.08）
广东	2 349.68	4 197.25（0.18）	4 546.71（0.19）	9 362.69（0.4）	1 840.97（0.08）
广西	2 441.87	4 374.2（0.18）	6 031.36（0.25）	8 695.04（0.36）	1 955.42（0.08）
贵州	450.19	682.81（0.15）	637.6（0.14）	1 565.1（0.35）	306.79（0.07）
河北	22 380.80	35 743.43（0.16）	43 271.52（0.19）	59 039.51（0.26）	15 692.1（0.07）
河南	2 900.18	5 166.9（0.18）	6 102.22（0.21）	8 447.27（0.29）	2 378.82（0.08）
黑龙江	748.21	1 023.48（0.14）	1 140.52（0.15）	1 982.96（0.27）	449.33（0.06）
湖北	3 000.45	4 879.6（0.16）	5 891.17（0.2）	9 182.34（0.31）	2 202.91（0.07）
吉林	1 321.80	2 561.74（0.19）	3 173.08（0.24）	5 303.52（0.4）	1 155.93（0.09）
江苏	10 801.19	16 051.5（0.15）	23 163.76（0.21）	33 184.43（0.31）	7 095.64（0.07）
江西	3 197.69	4 703.12（0.15）	5 681.83（0.18）	9 234.03（0.29）	2 169.93（0.07）
四川	1 940.56	4 320.79（0.22）	5 310.3（0.27）	8 476.04（0.44）	1 981.53（0.1）
天津	1 266.34	1 835.84（0.14）	2 139.35（0.17）	3 897.79（0.31）	792.93（0.06）
辽宁	6 839.34	13 397.92（0.2）	15 847.6（0.23）	23 537.55（0.34）	6 058.03（0.09）
青海	138.08	279.34（0.2）	320.25（0.23）	521.28（0.38）	130.01（0.09）
内蒙古	987.05	4 337.71（0.44）	5 261.09（0.53）	7 026.18（0.71）	1 903.81（0.19）
宁夏	245.89	2 169.73（0.88）	3 140.34（1.28）	4 534.36（1.84）	1 012.29（0.41）
山东	7 521.02	12 380.78（0.16）	15 723.02（0.21）	26 552.28（0.35）	5 465.32（0.07）
山西	4 900.01	9 789.45（0.2）	11 614.89（0.24）	18 372.31（0.37）	4 280.82（0.09）
陕西	1 293.11	1 950.44（0.15）	2 668.07（0.21）	4 971.38（0.38）	874.4（0.07）
上海	1 598.64	2 425.97（0.15）	2 052.89（0.13）	5 877.19（0.37）	1 072.45（0.07）
新疆	1 167.41	2 076.41（0.18）	2 961.57（0.25）	3 700.03（0.32）	926.9（0.08）
云南	1 940.30	3 651.38（0.19）	3 649.47（0.19）	6 157.82（0.32）	1 697.92（0.09）
浙江	1 006.73	1 645.84（0.16）	2 275.29（0.23）	3 813.96（0.38）	734.9（0.07）
重庆	644.21	1 185.52（0.18）	1 671.17（0.26）	3 330.03（0.52）	527.72（0.08）
合计	89 489.92	154 907.98（0.17）	191 510（0.21）	293 640.37（0.33）	69 146.21（0.08）

附　图

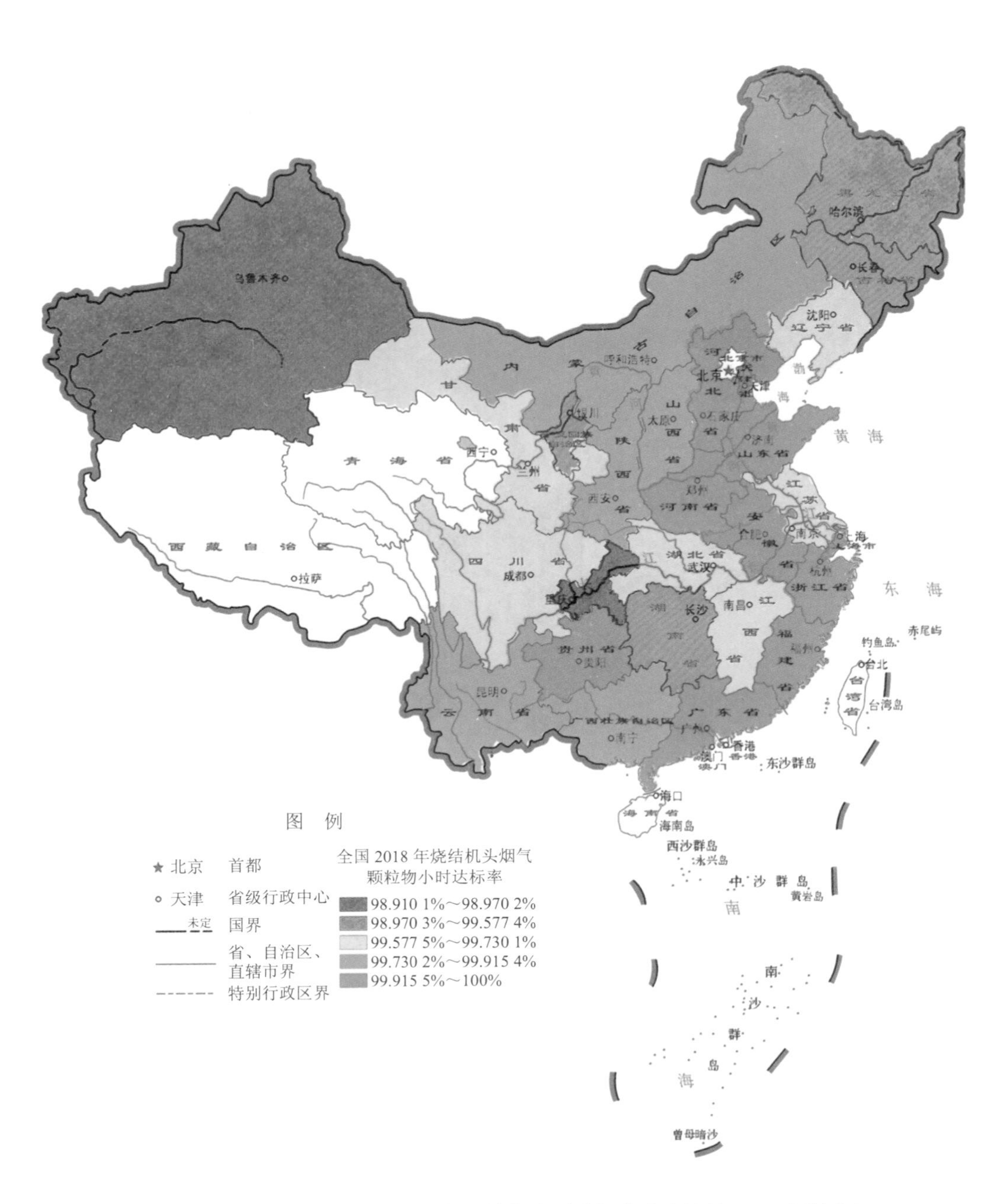

附图1　2018年我国烧结机头各污染物小时达标率分省统计（A：颗粒物）

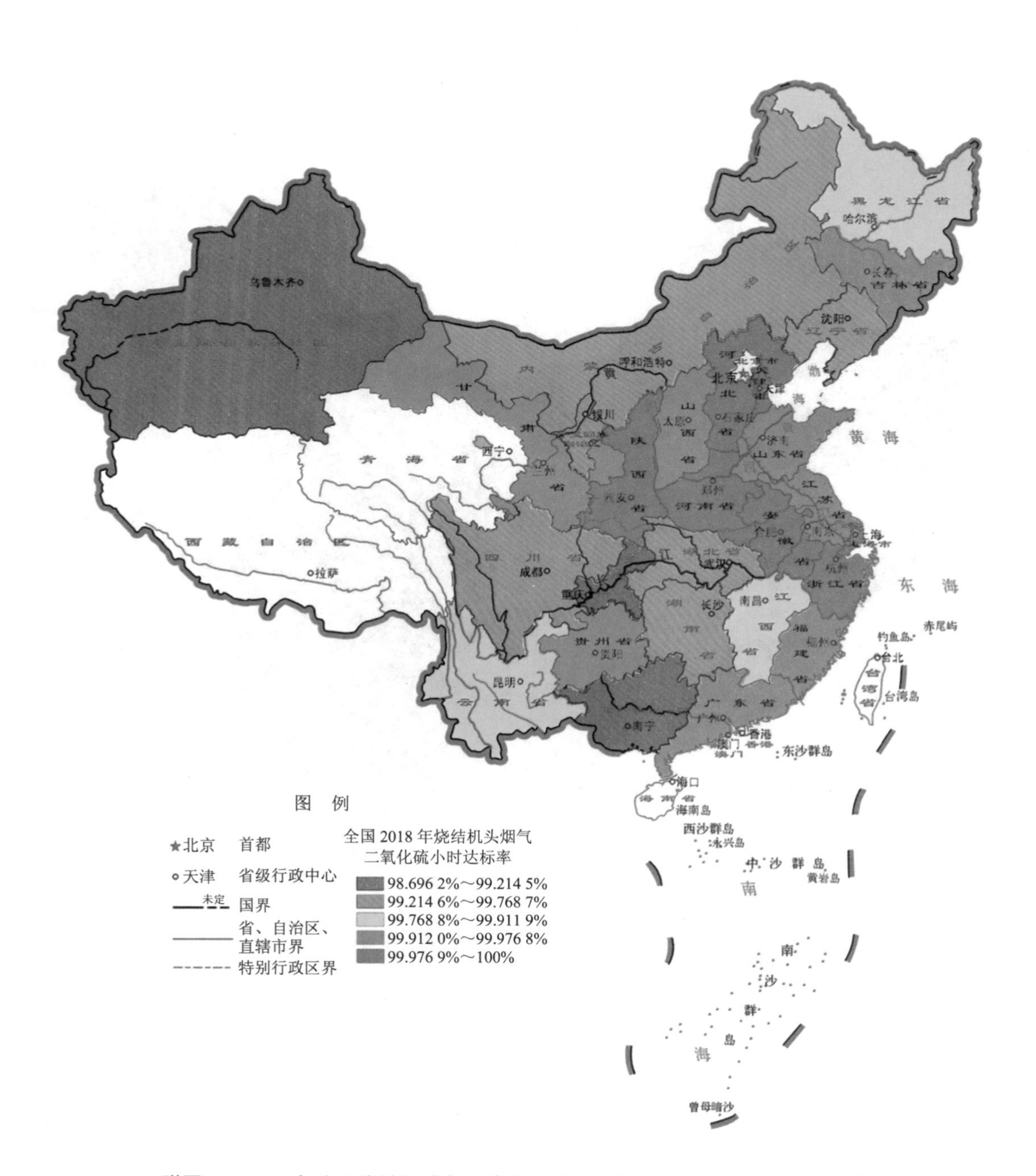

附图1　2018年我国烧结机头各污染物小时达标率分省统计（B：二氧化硫）

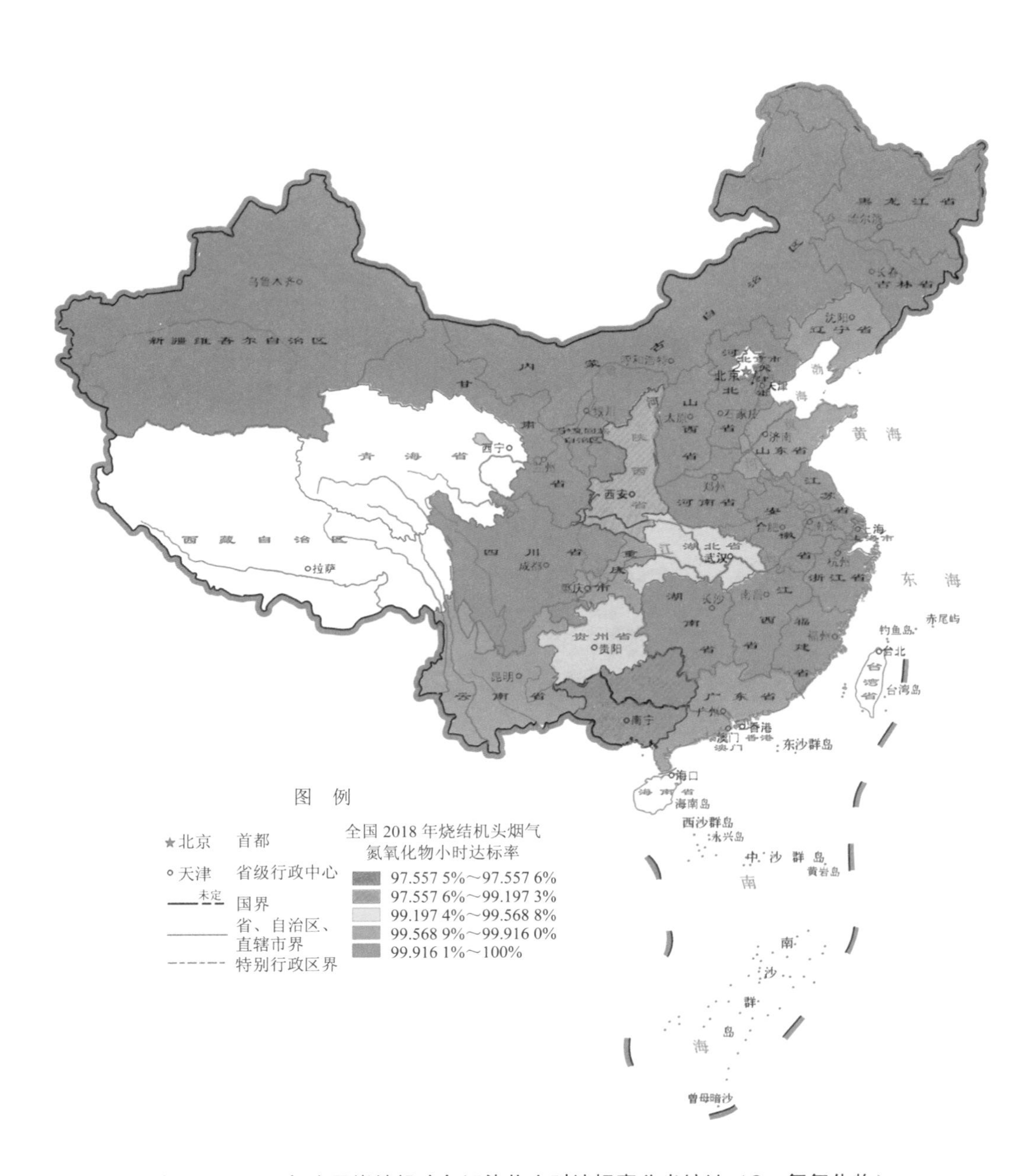

附图1 2018年我国烧结机头各污染物小时达标率分省统计（C：氮氧化物）

附图 2　2018 年我国烧结机尾烟气 PM_{10} 小时达标率分省统计

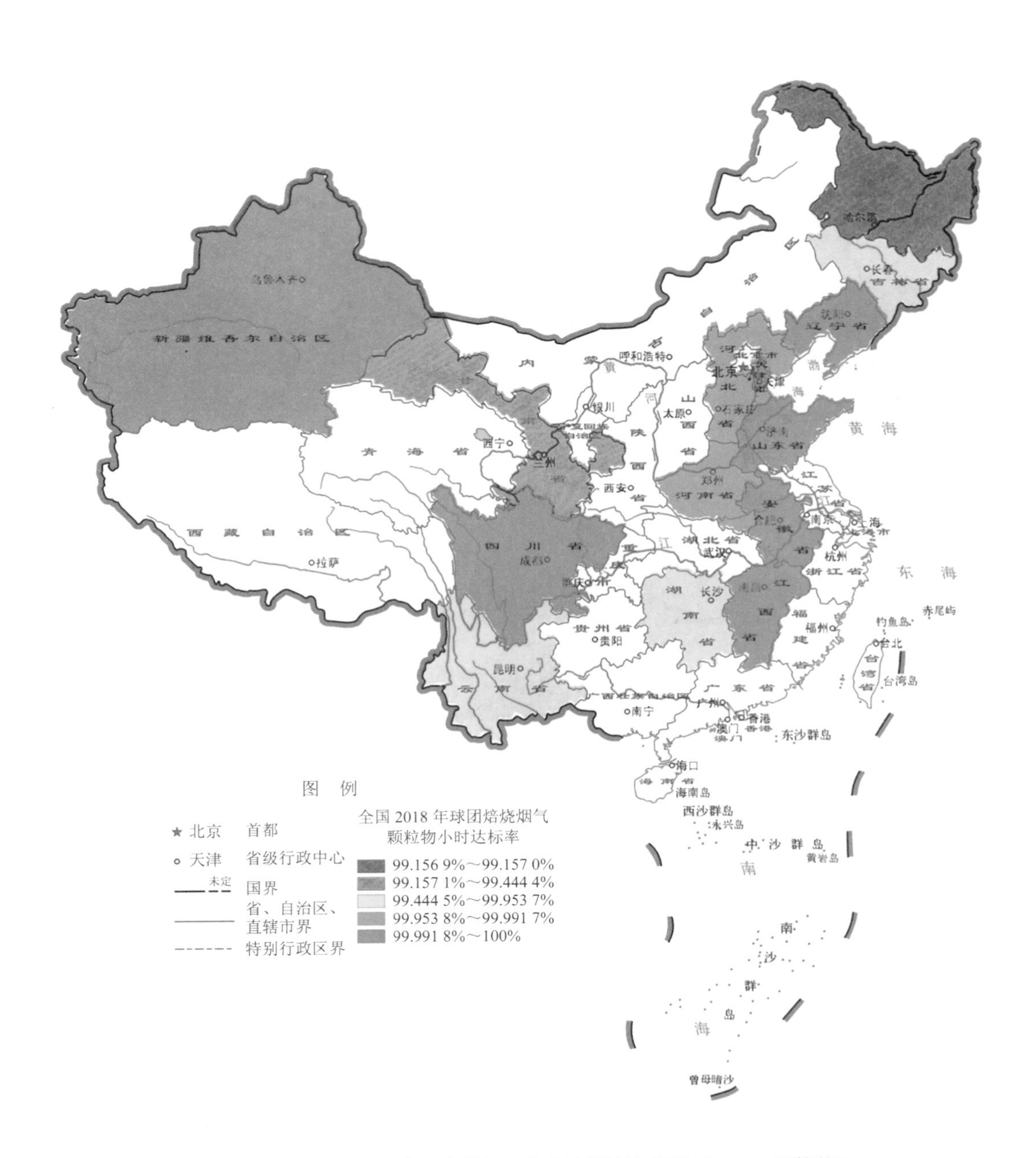

附图 3　2018 年我国球团焙烧各污染物达标率分省统计（A：颗粒物）

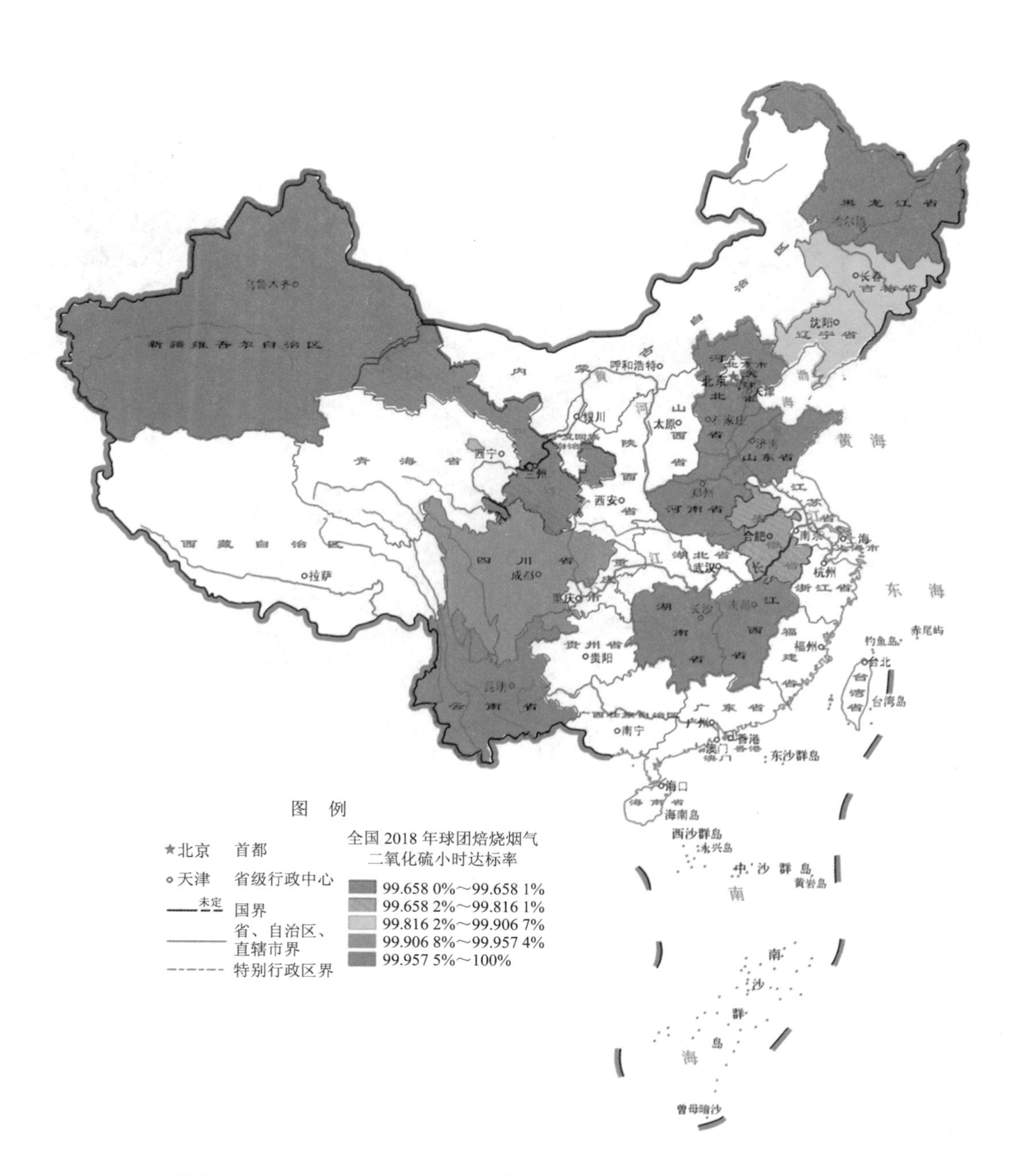

附图 3 2018 年我国球团焙烧各污染物达标率分省统计（B：二氧化硫）

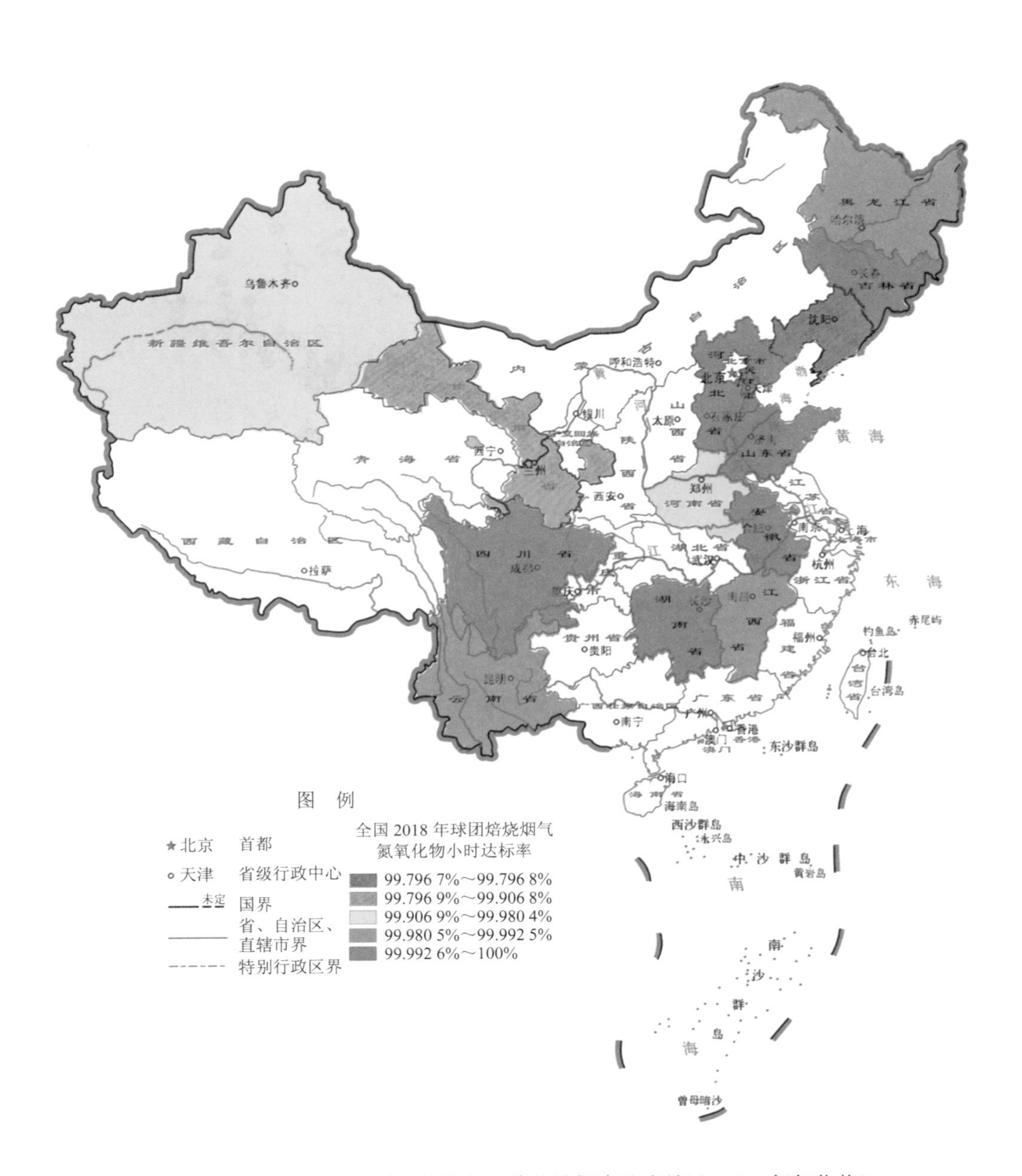

附图3 2018年我国球团焙烧各污染物达标率分省统计（C：氮氧化物）

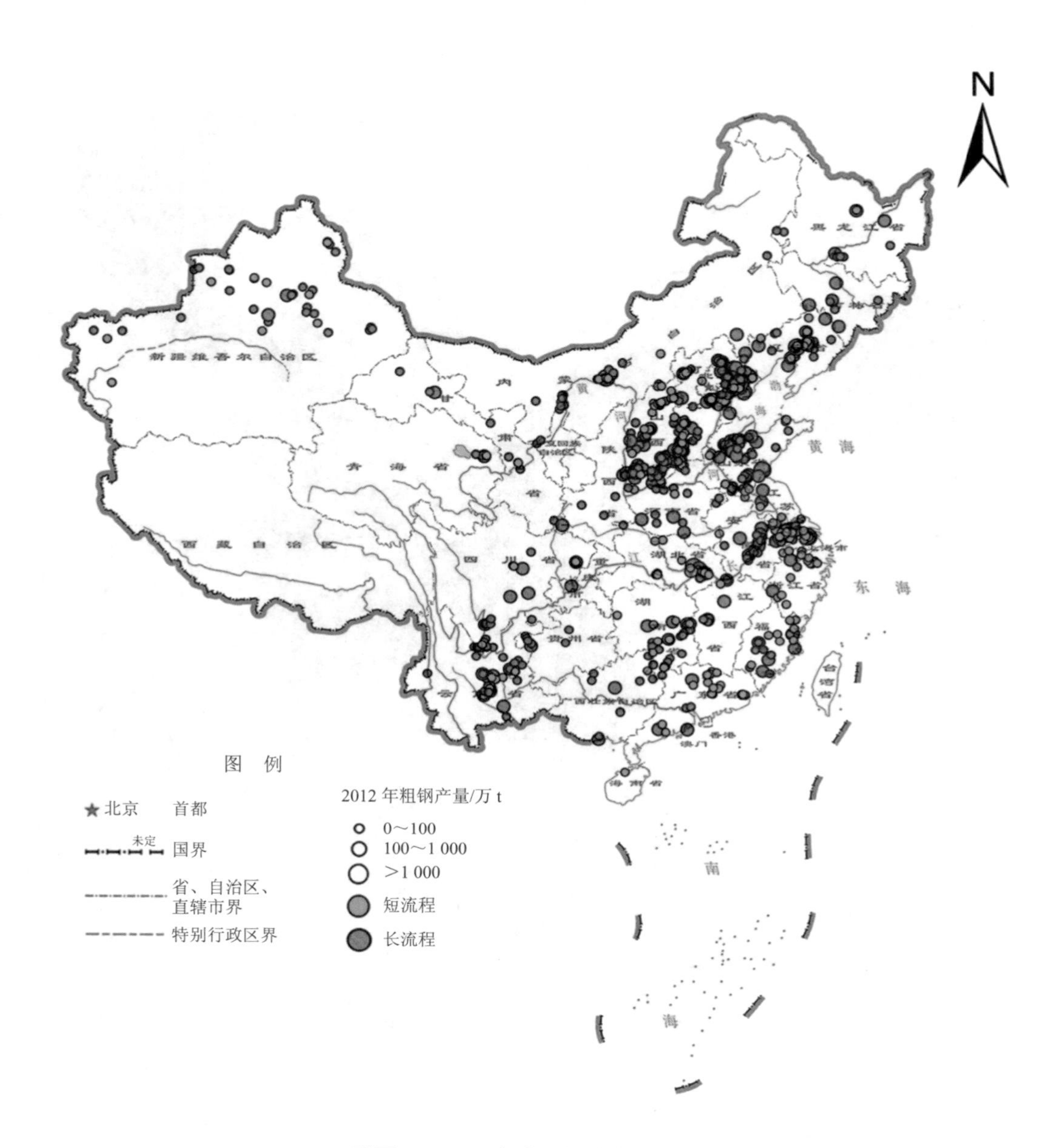

附图 4　2012 年我国钢铁企业分布

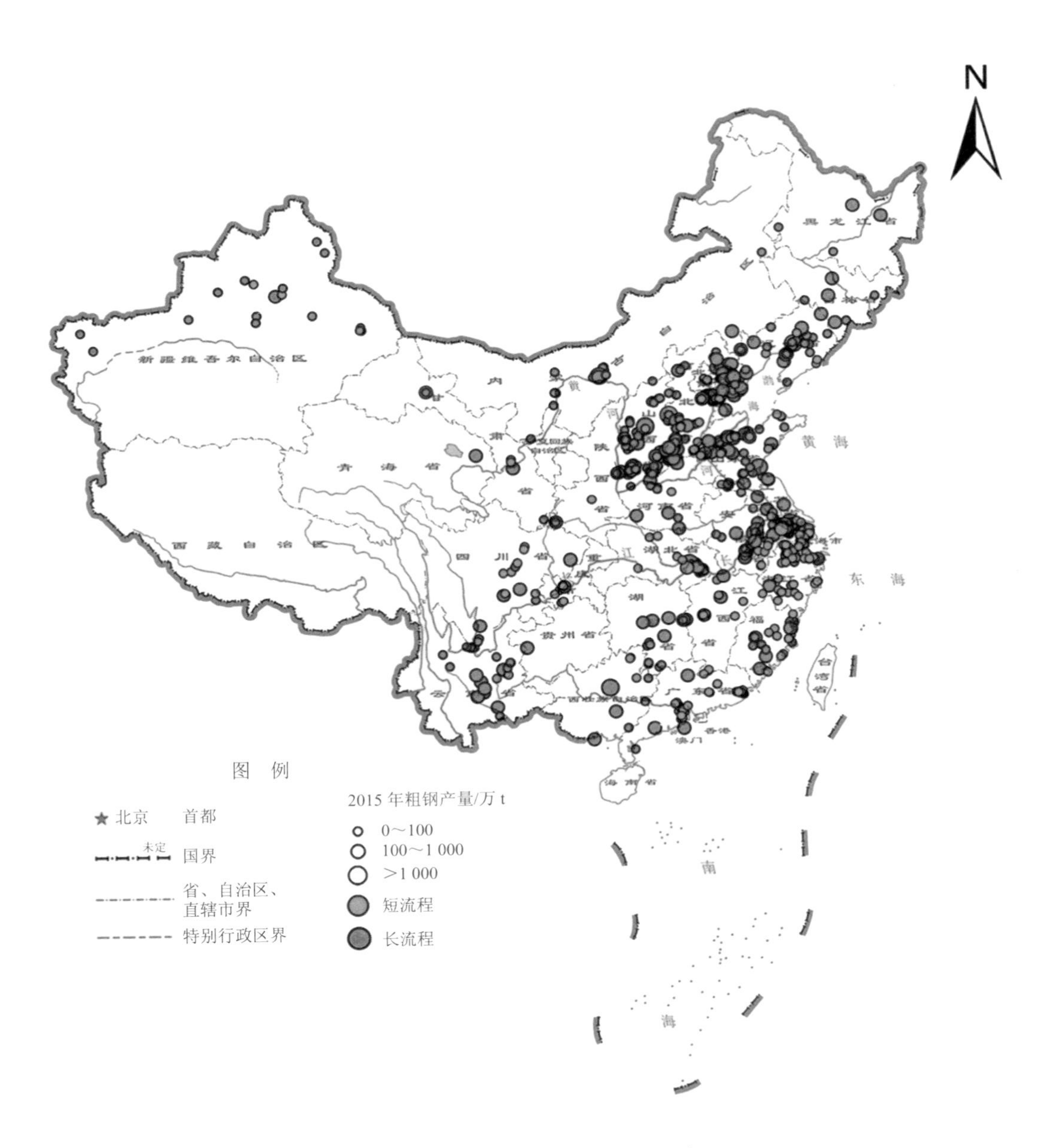

附图 5 2015 年我国钢铁企业分布

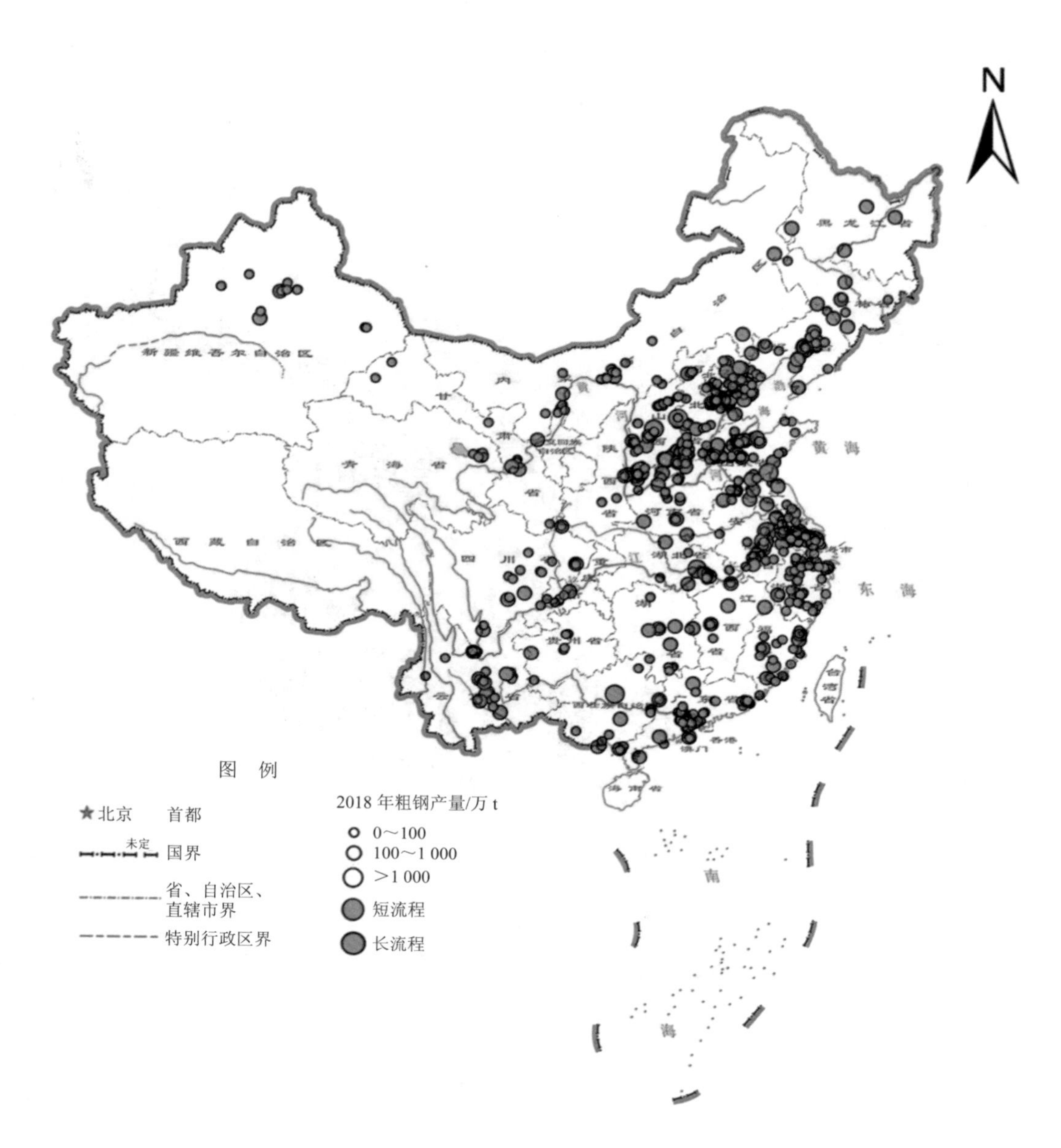

附图 6　2018 年我国钢铁企业分布

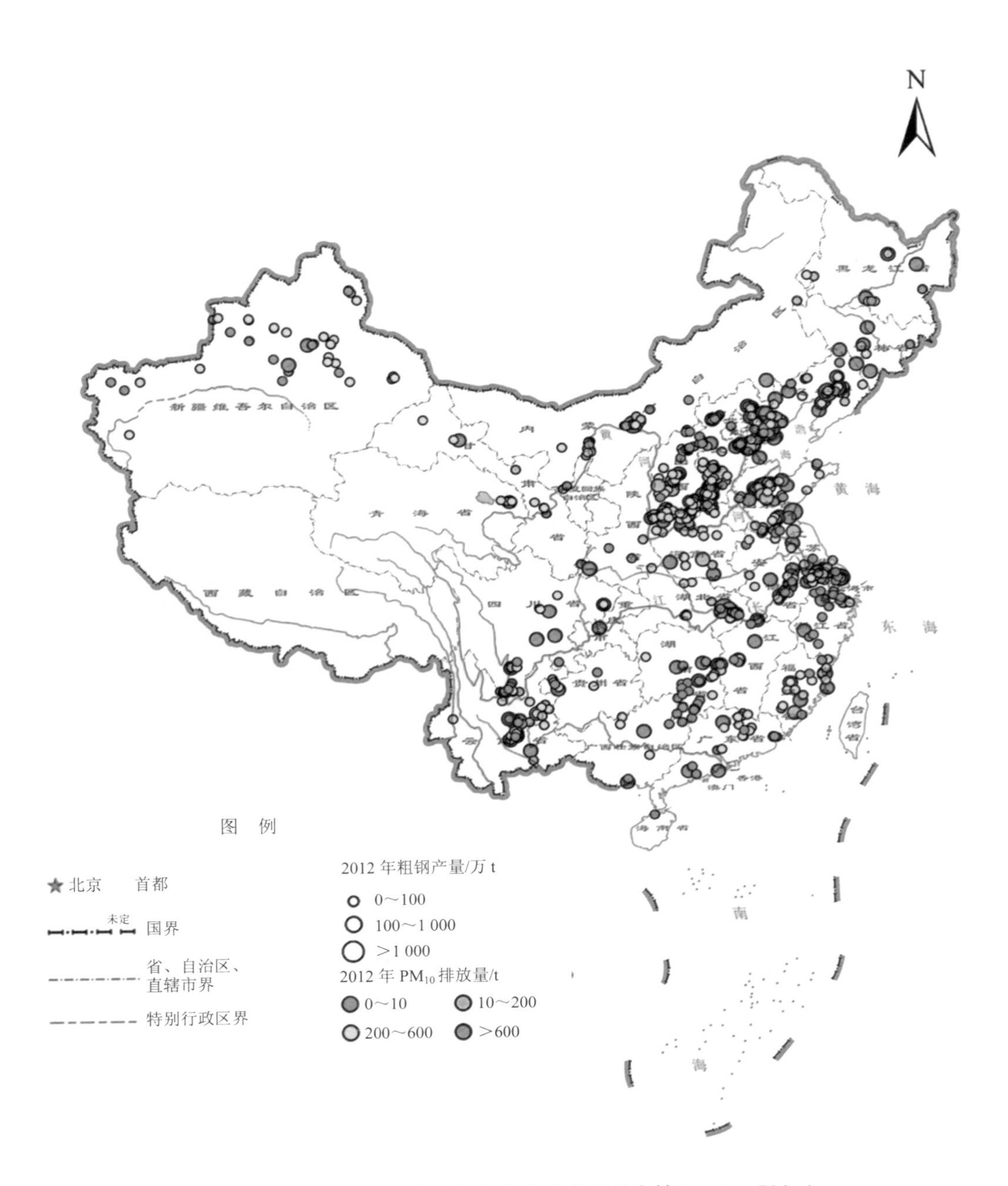

附图 7 2012 年钢铁企业各污染物排放空间分布情况（A：PM_{10}）

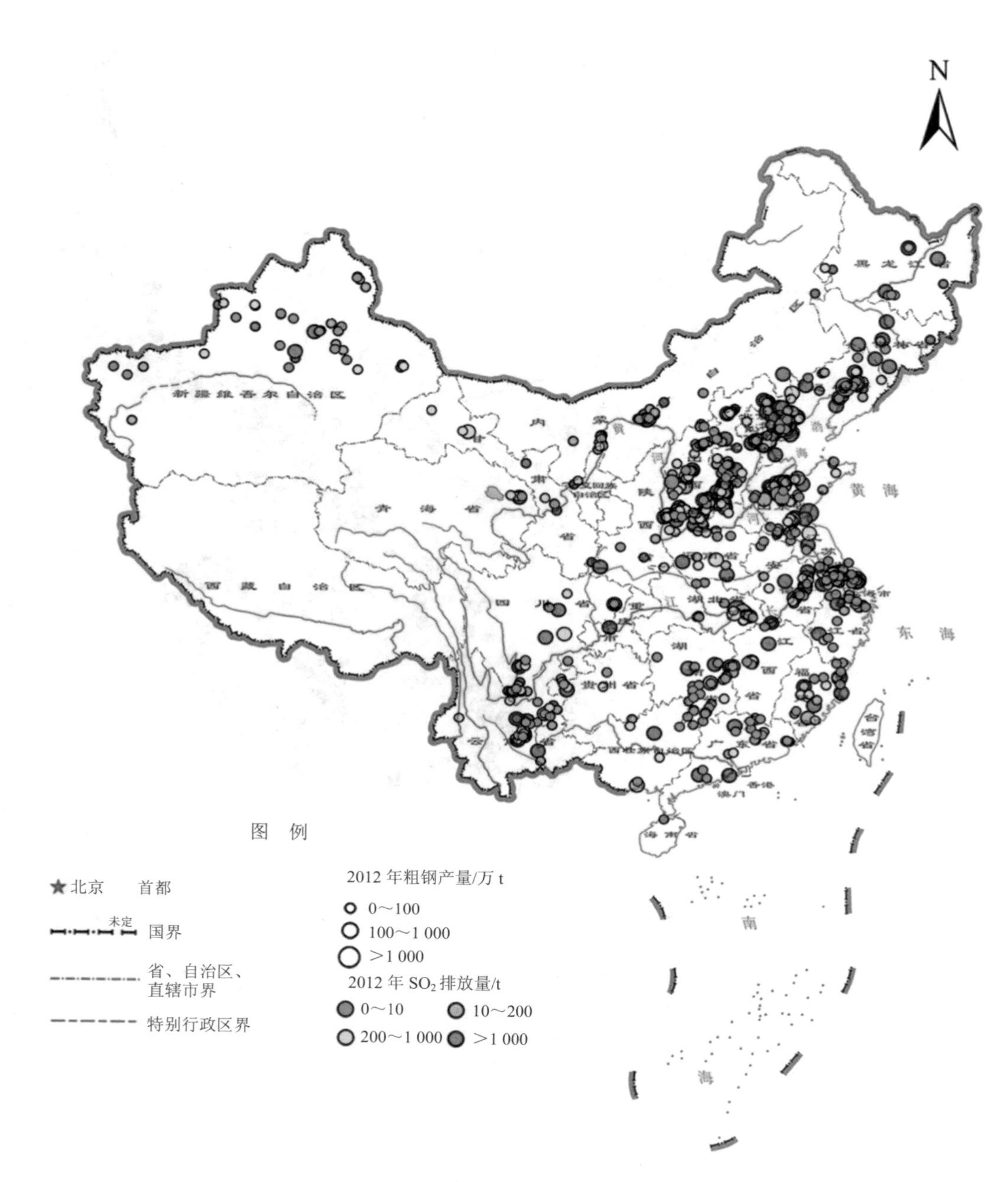

附图 7 2012 年钢铁企业各污染物排放空间分布情况（B：SO_2）

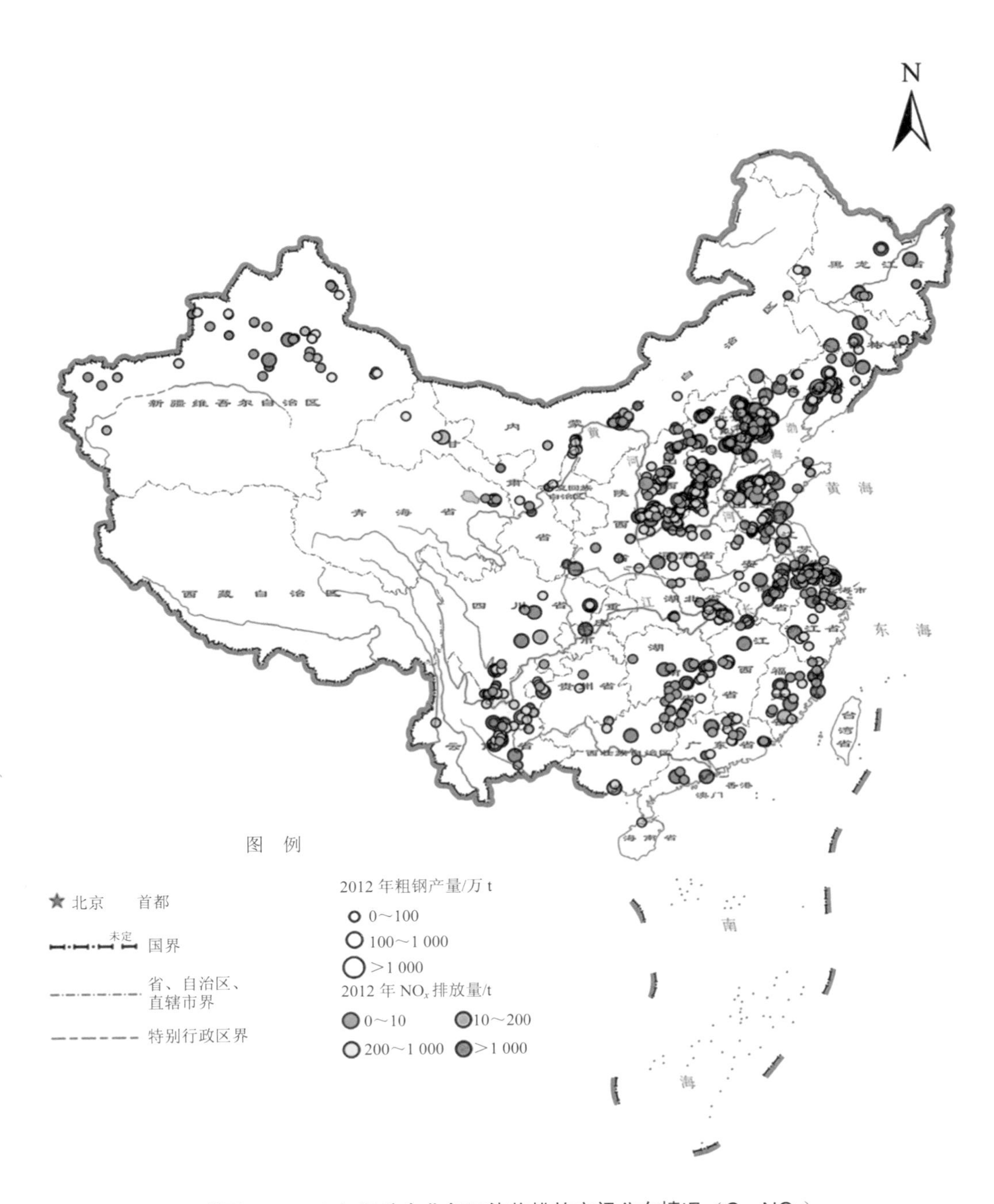

附图 7 2012 年钢铁企业各污染物排放空间分布情况（C：NO_x）

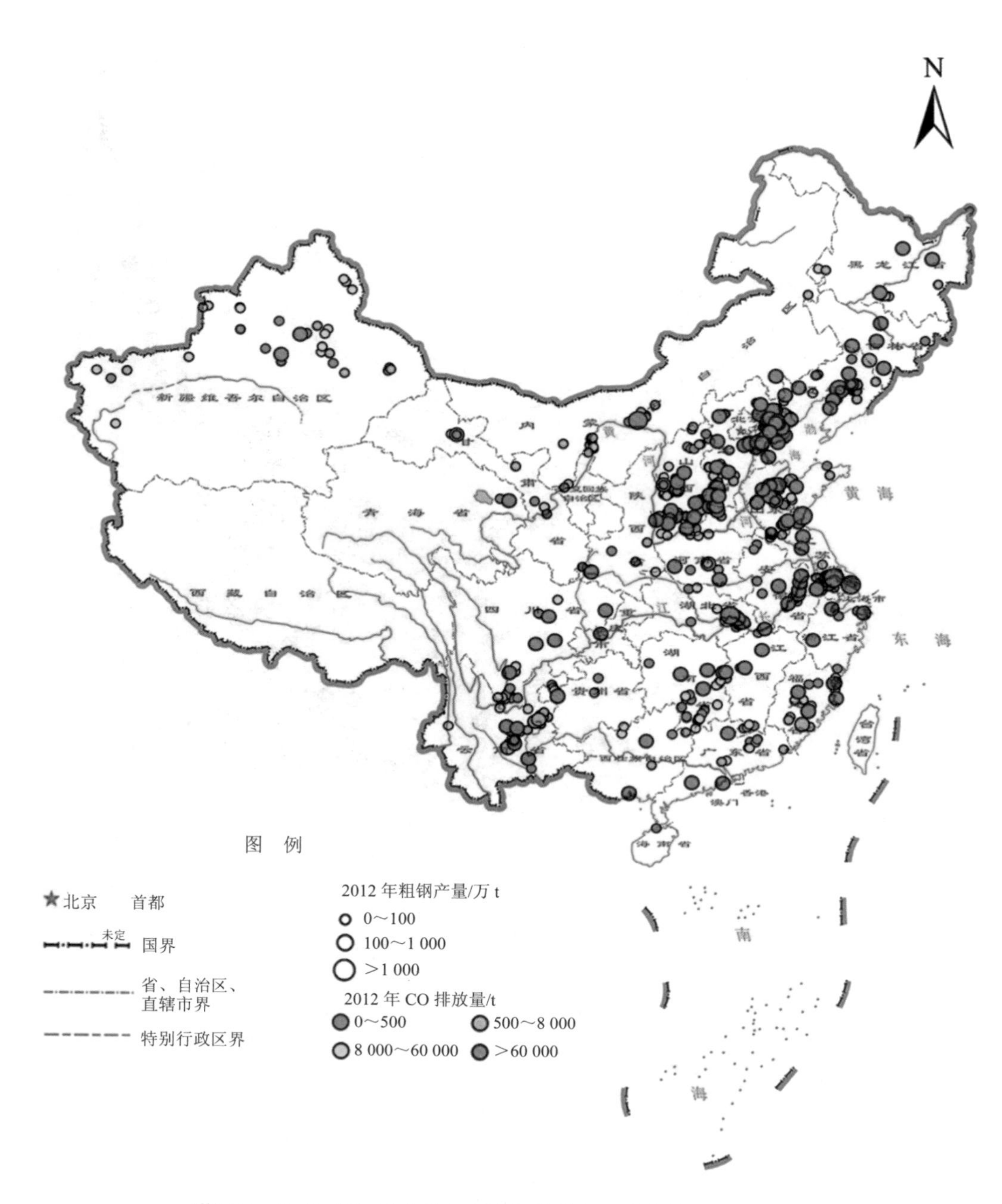

附图 7 2012 年钢铁企业各污染物排放空间分布情况（D：CO）

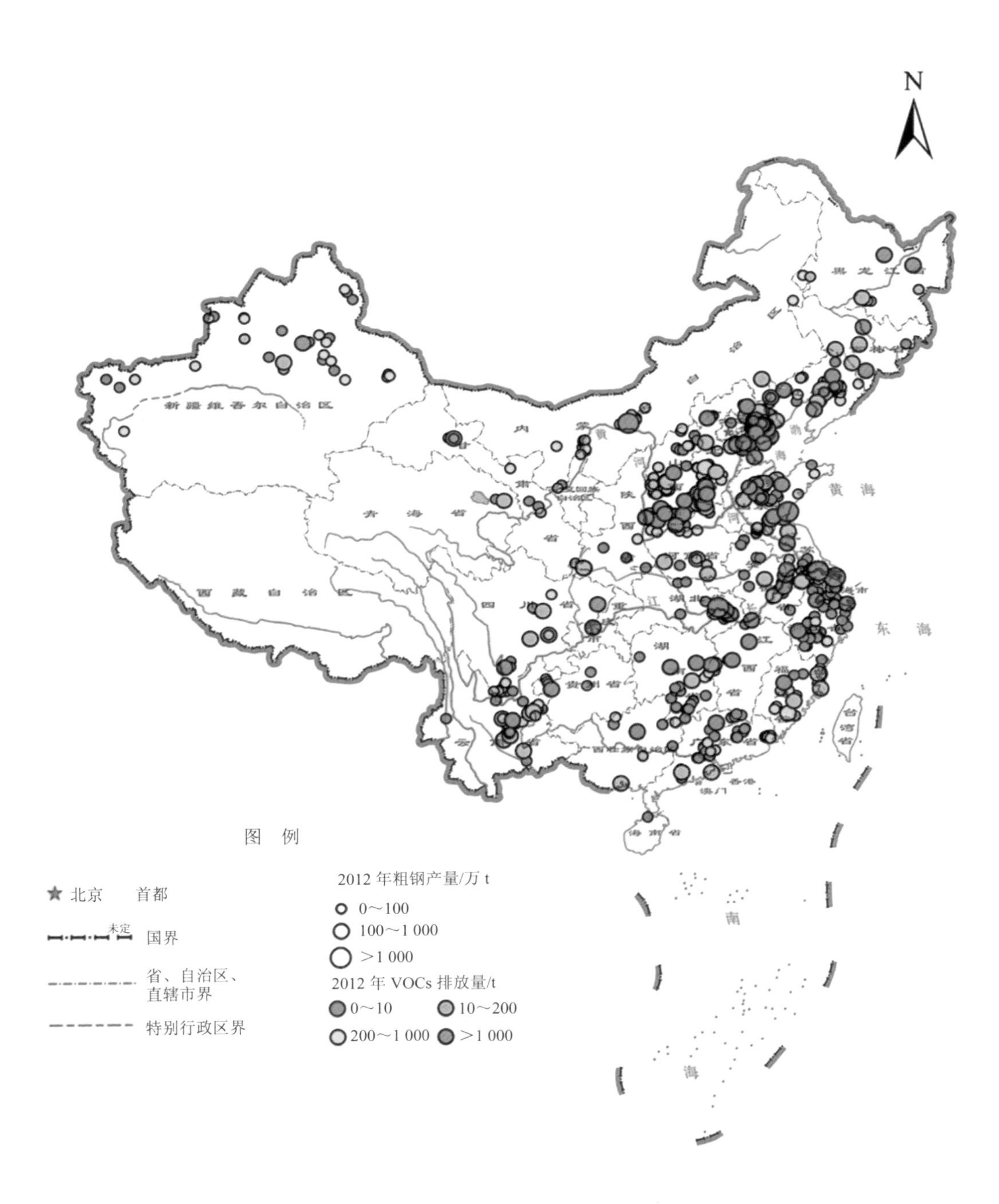

附图 7 2012 年钢铁企业各污染物排放空间分布情况（E：VOCs）

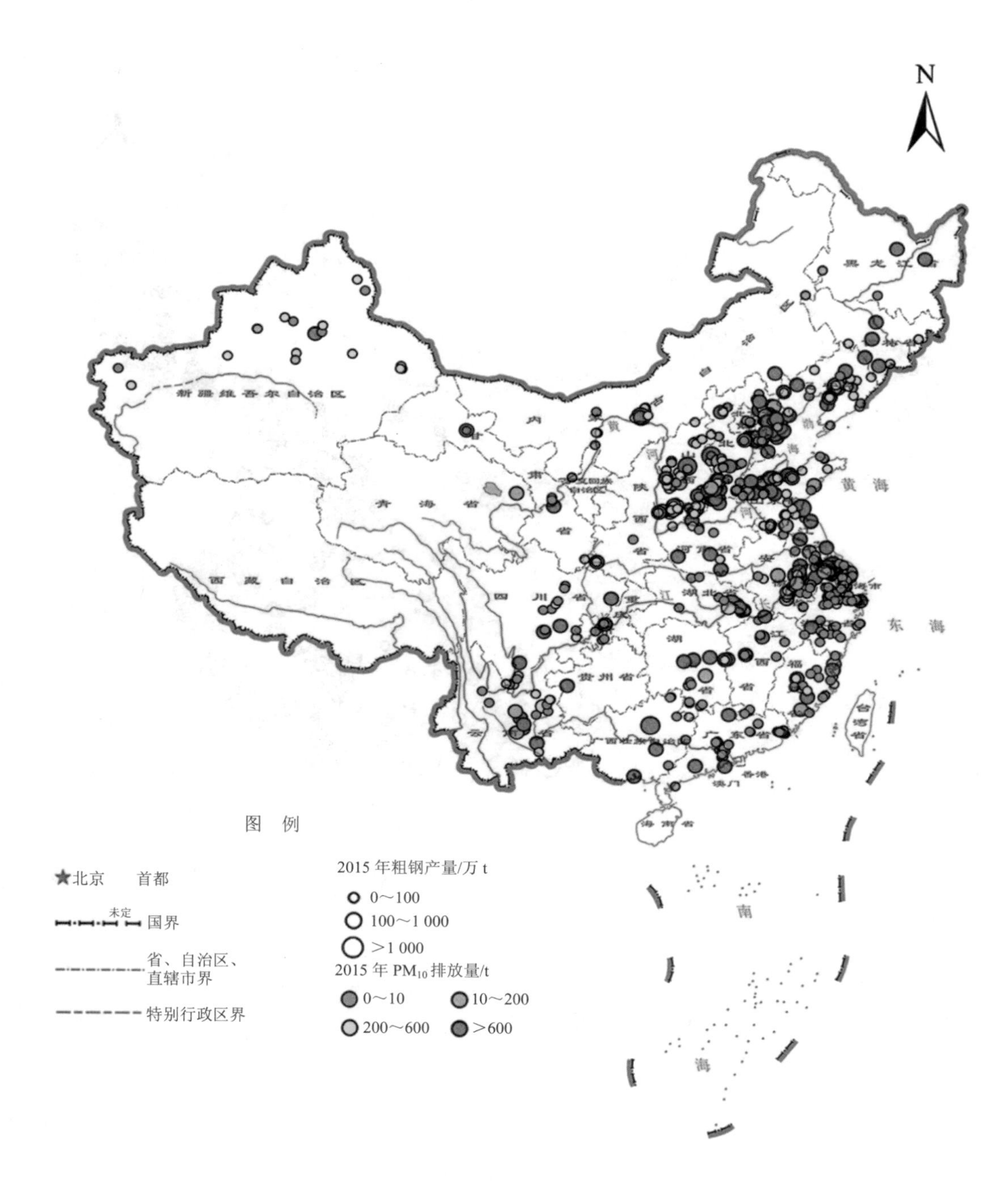

附图 8　2015 年钢铁企业各污染物排放空间分布情况（A：PM_{10}）

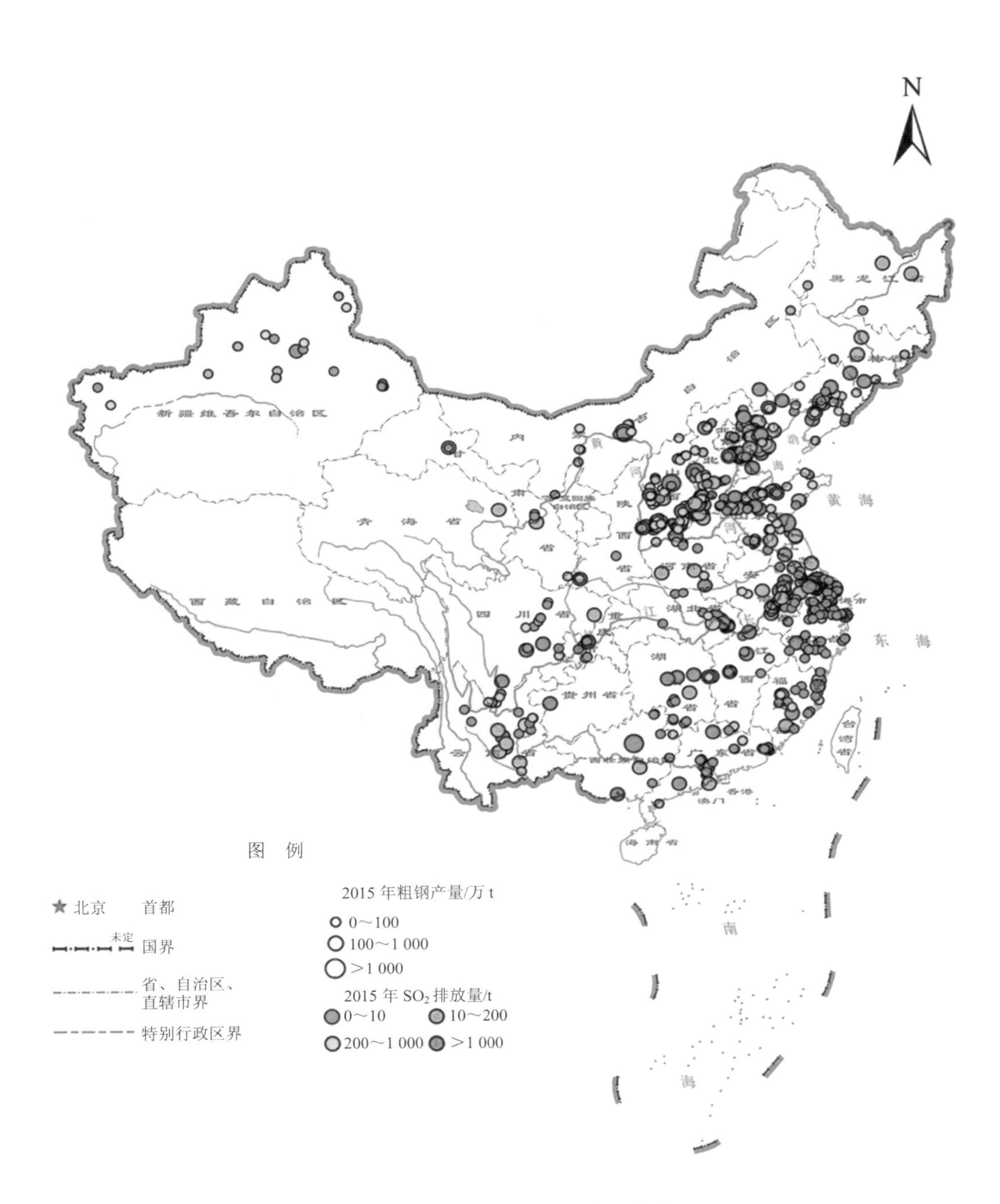

附图 8 2015 年钢铁企业各污染物排放空间分布情况（B：SO_2）

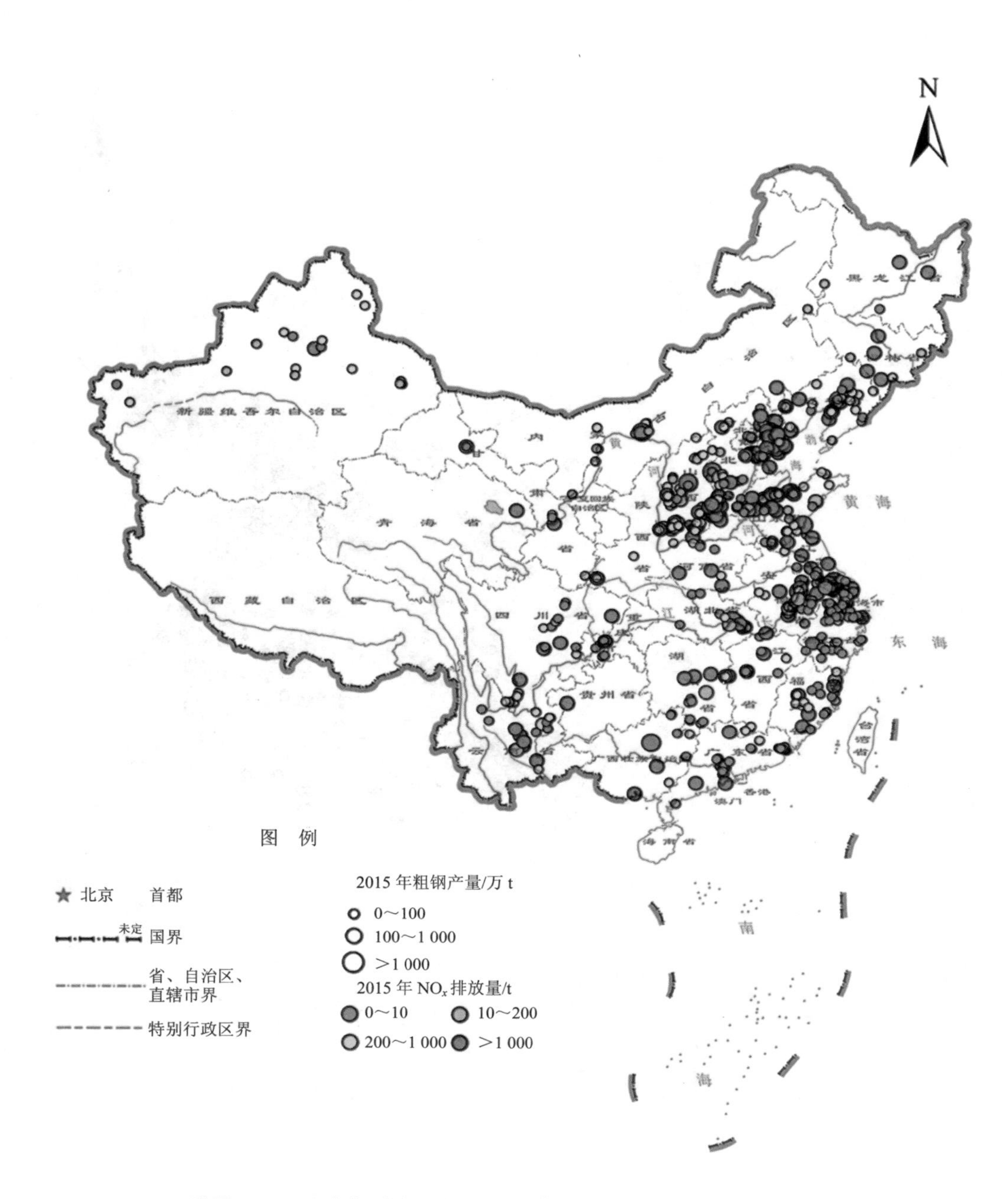

附图 8　2015 年钢铁企业各污染物排放空间分布情况（C：NO_x）

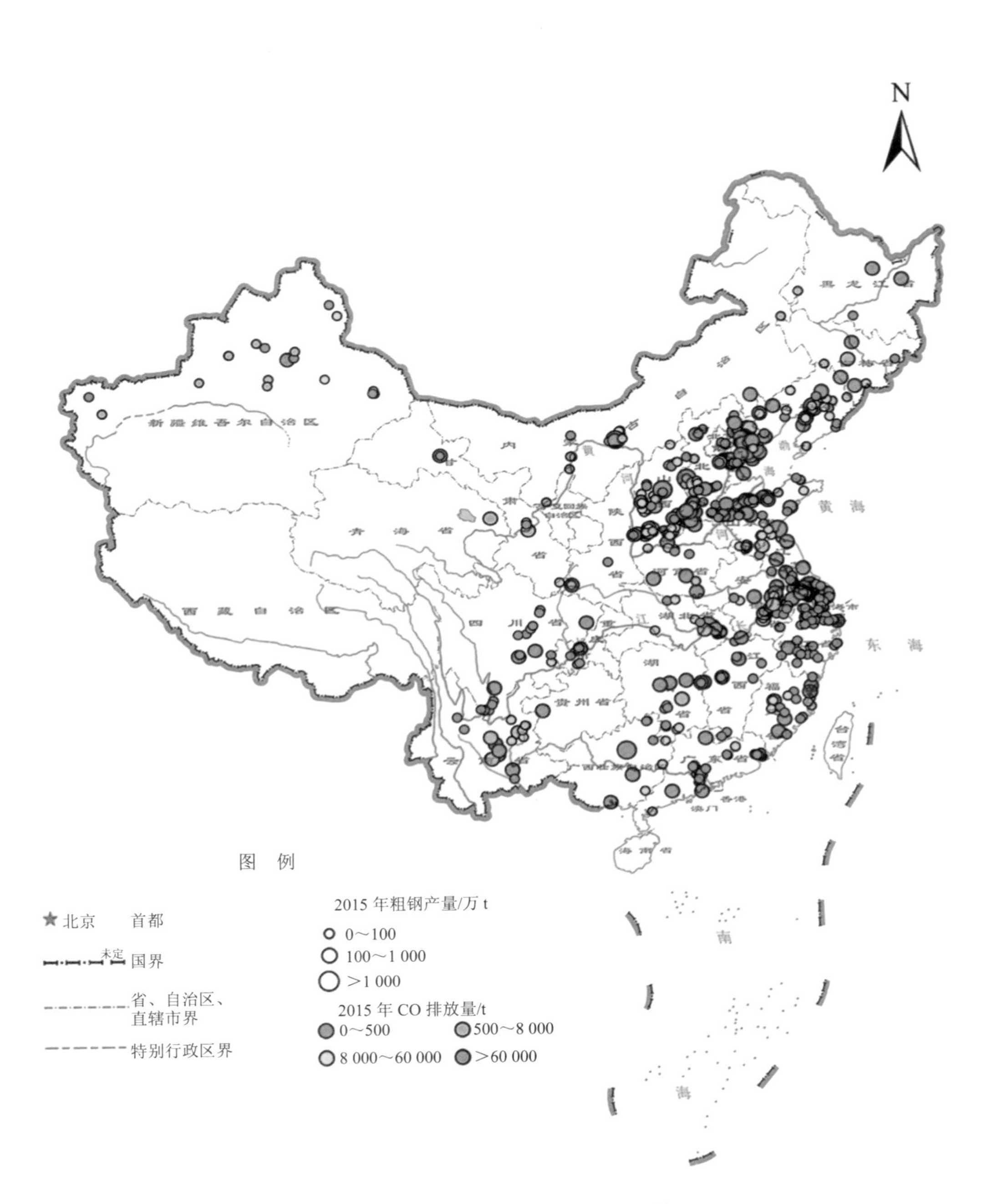

附图 8 2015 年钢铁企业各污染物排放空间分布情况（D：CO）

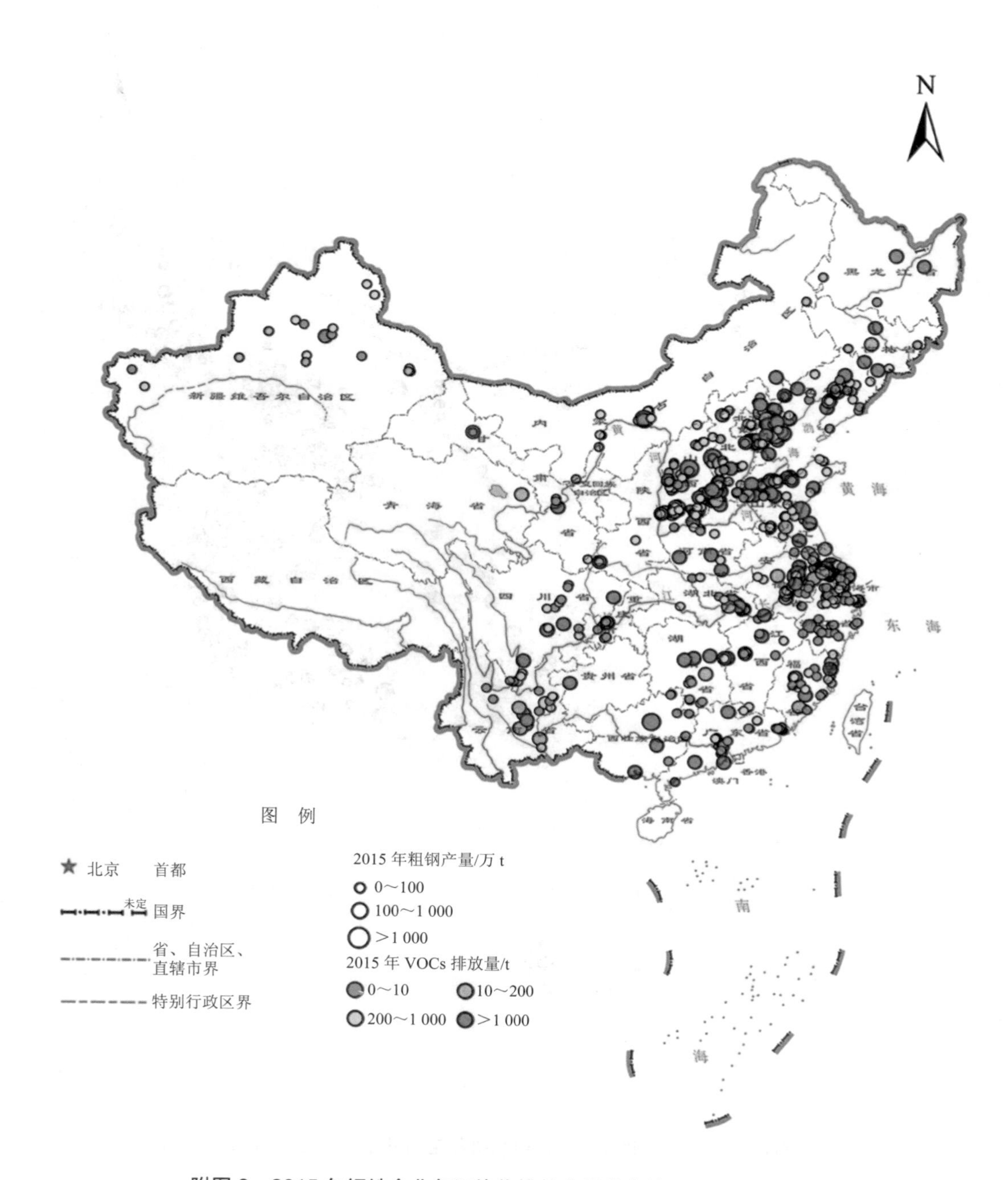

附图 8 2015 年钢铁企业各污染物排放空间分布情况（E：VOCs）

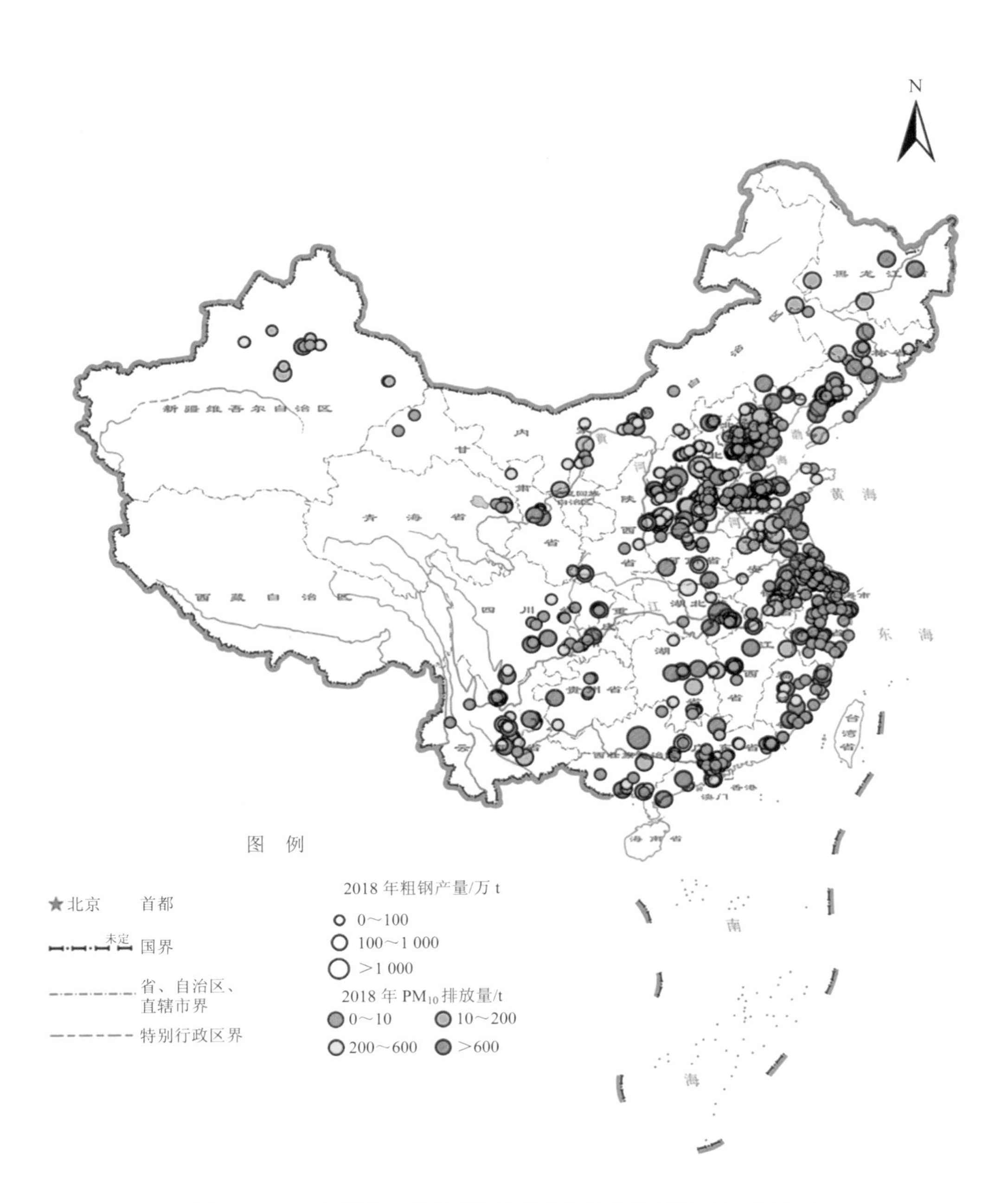

附图 9 2018 年钢铁企业各污染物排放空间分布情况（A：PM_{10}）

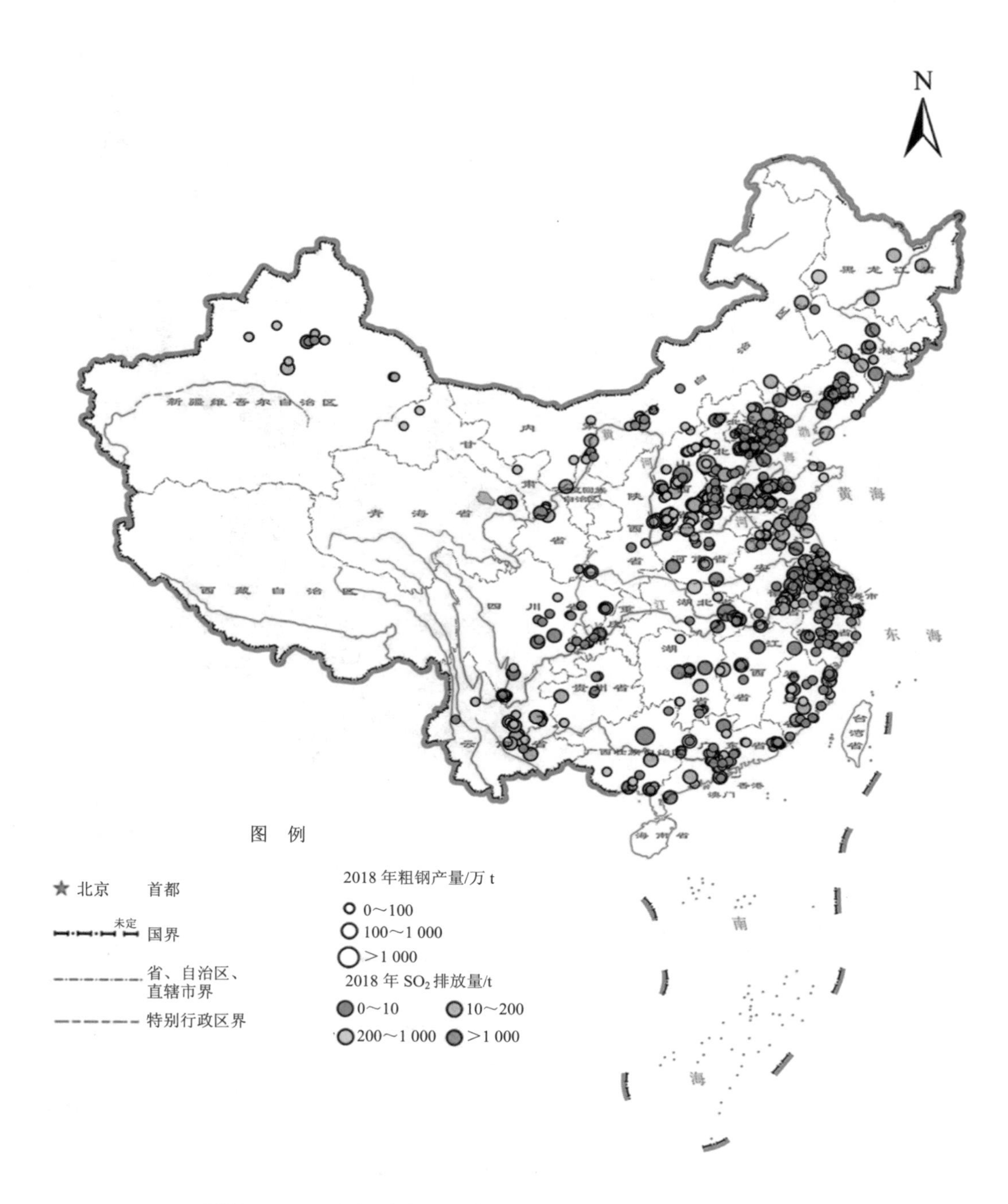

附图 9　2018 年钢铁企业各污染物排放空间分布情况（B：SO_2）

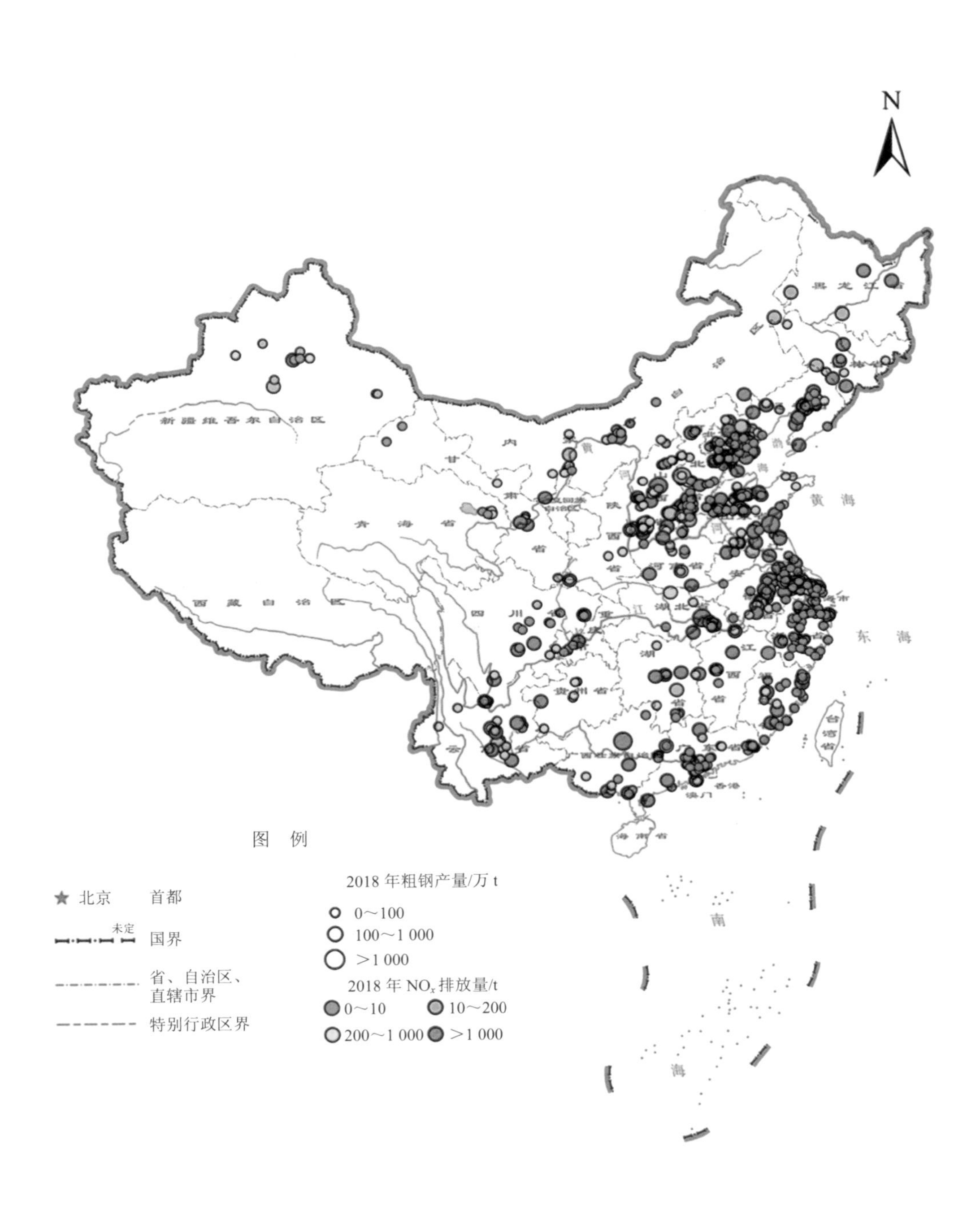

附图 9 2018 年钢铁企业各污染物排放空间分布情况（C：NO_x）

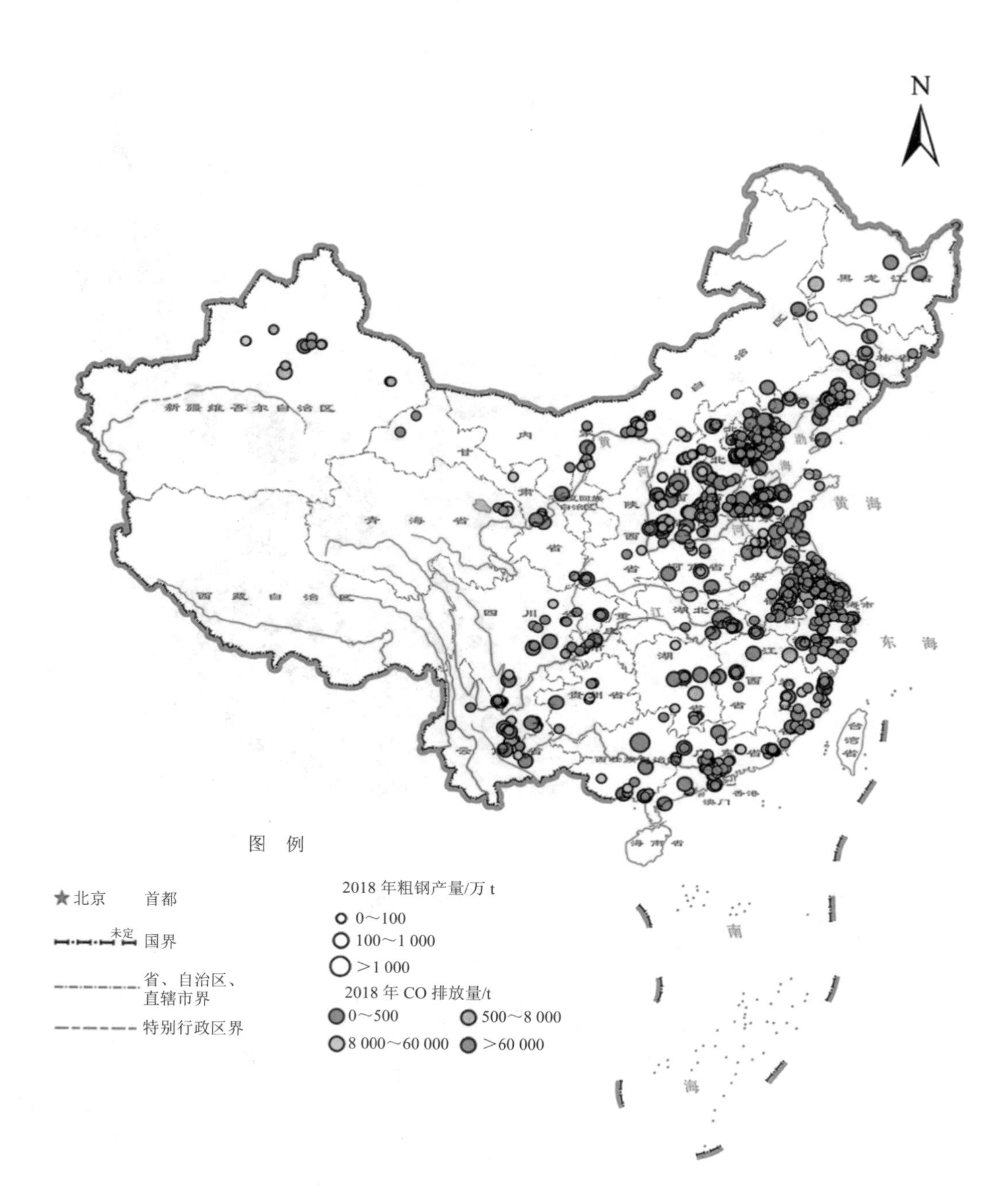

附图 9 2018 年钢铁企业各污染物排放空间分布情况（D：CO）

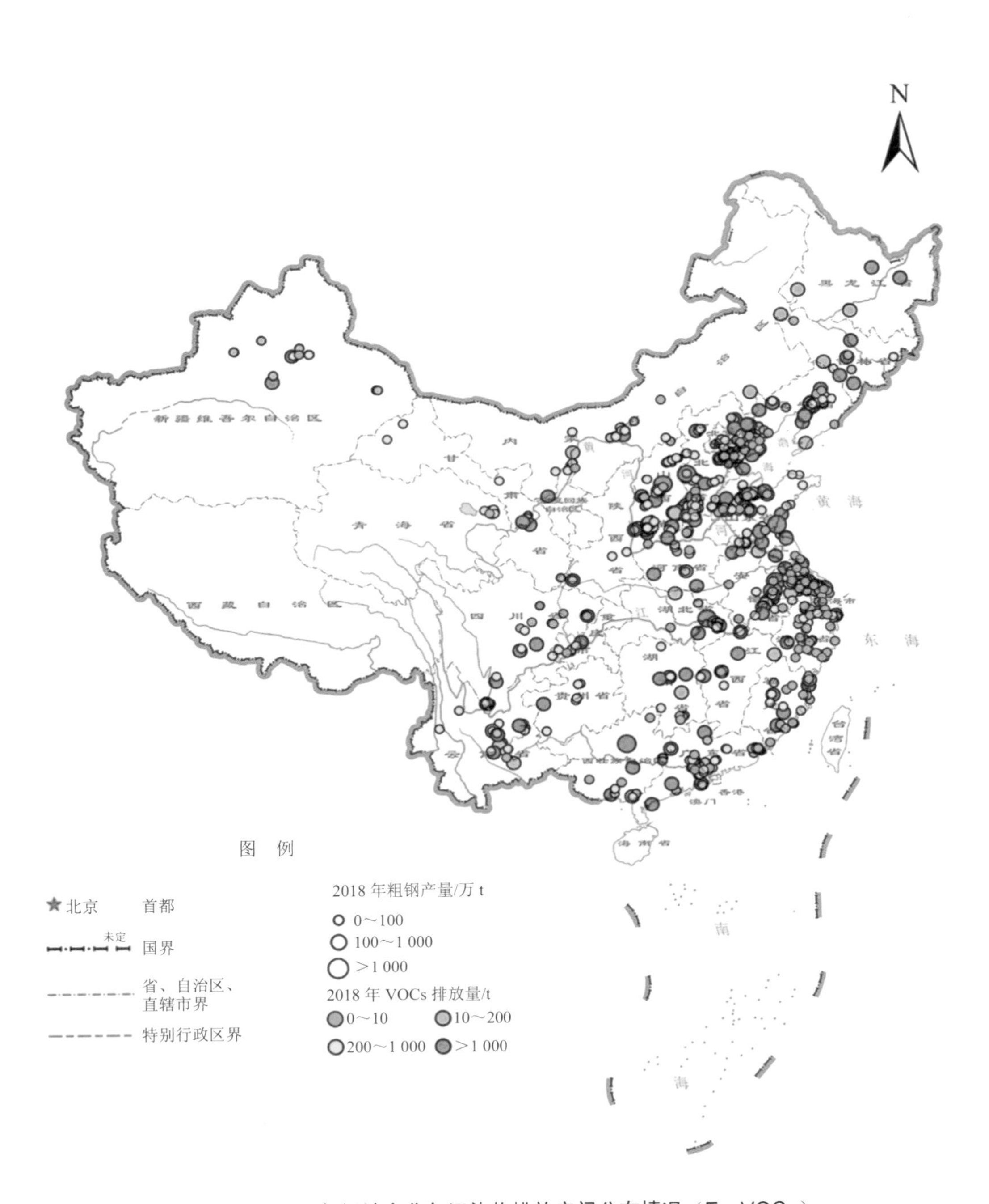

附图 9　2018 年钢铁企业各污染物排放空间分布情况（E：VOCs）

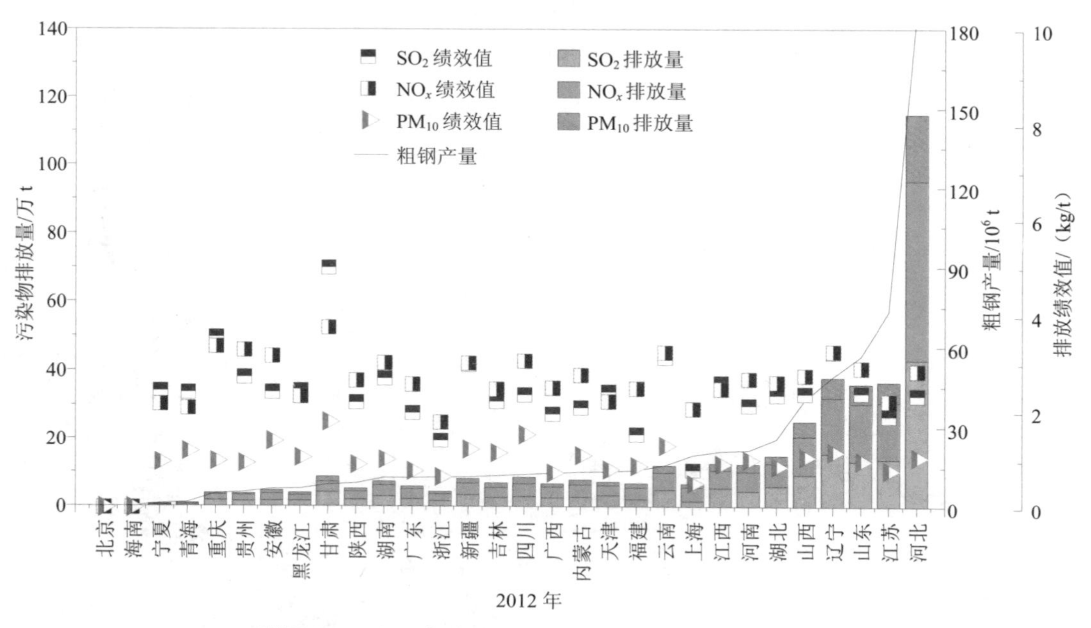

附图10 2012年我国钢铁行业大气污染物排放绩效值

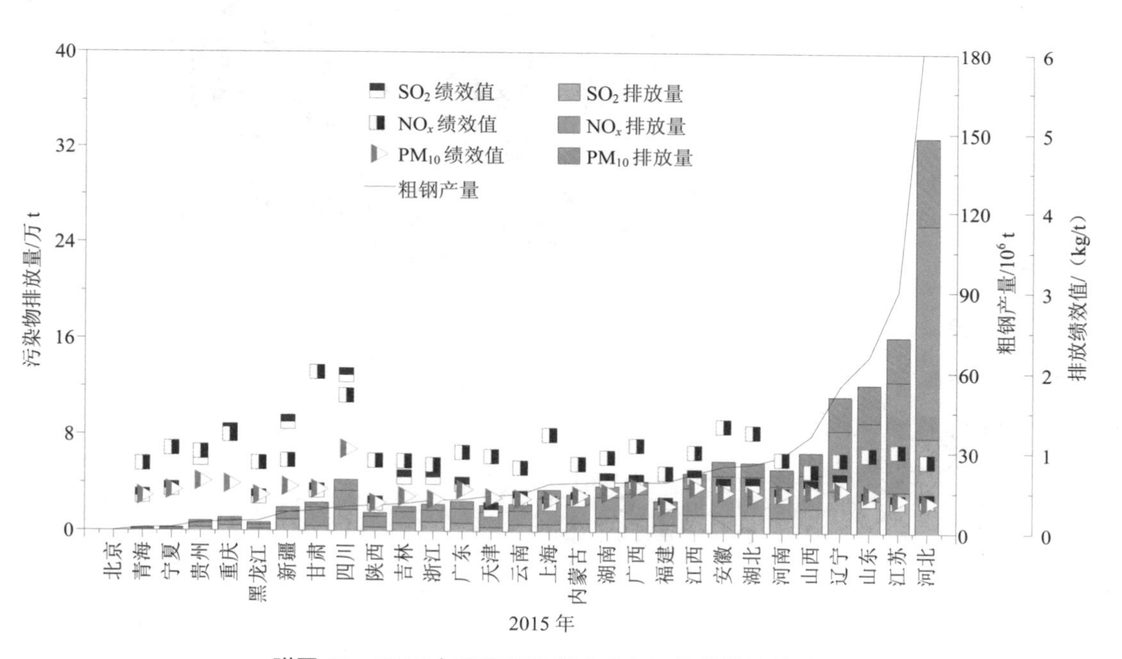

附图11 2015年我国钢铁行业大气污染物排放绩效值

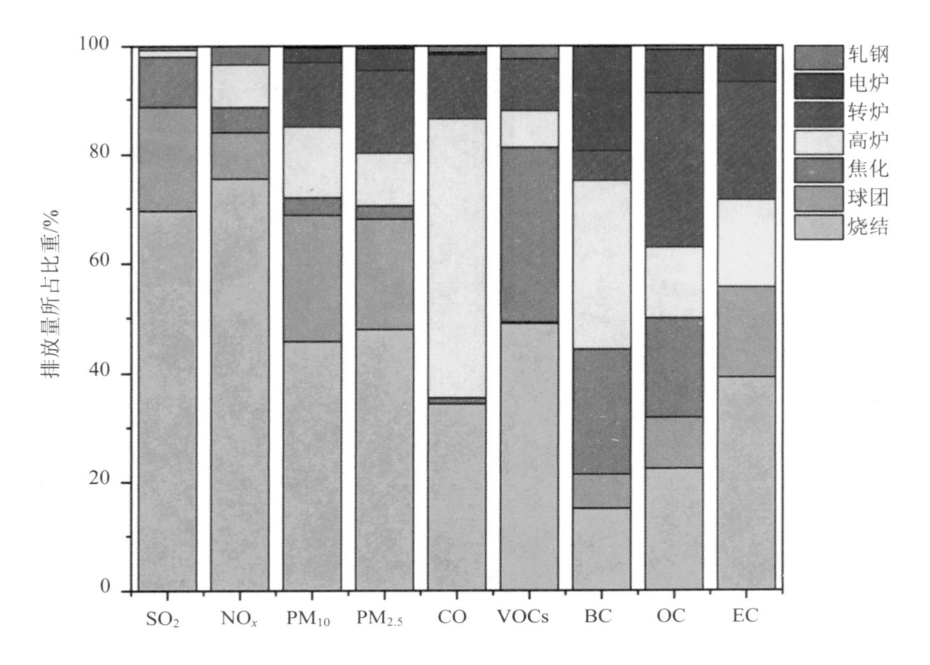

附图 12 2012 年我国钢铁行业不同工序污染物排放量占比

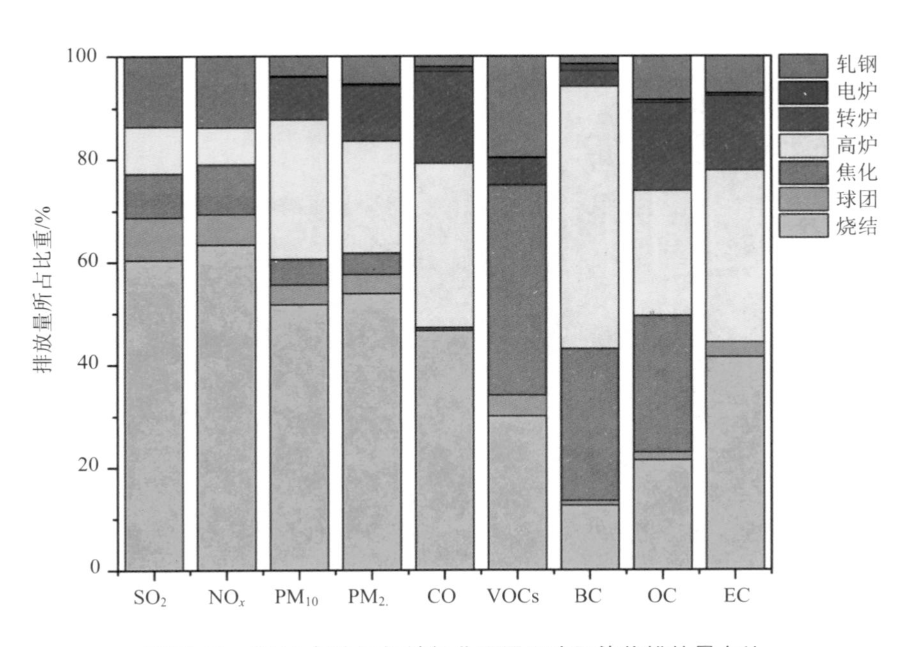

附图 13 2015 年我国钢铁行业不同工序污染物排放量占比

附图 14　河北省某钢铁厂现场调研

附图 15　河北省某钢铁厂现场调研

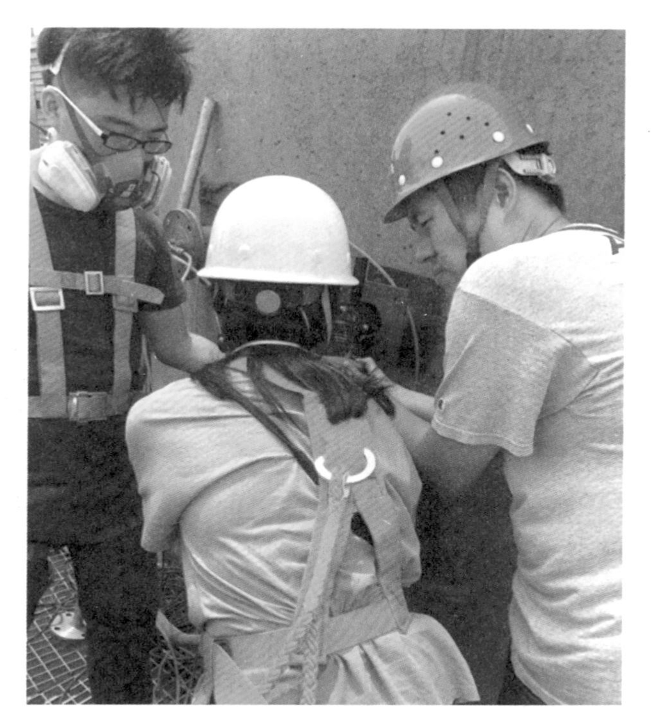

附图 16　河北省某钢铁厂焦化烟囱采样

附图 17　四川省某焦化厂无组织采样

附图 18　武汉某钢铁企业项目讨论

附图 19　邯郸某钢铁企业周围土壤环境质量现状调查

附图 20　钢铁企业专家咨询会

附图 21　新疆某钢铁企业调研

附图 22　石家庄某钢铁企业调研

附图 23　环境模拟与污染控制国家重点联合实验室（清华大学）钢铁课题汇报